HOW TO MASTER MACHINING DESIGN

機械設計の知識がやさしくわかる本

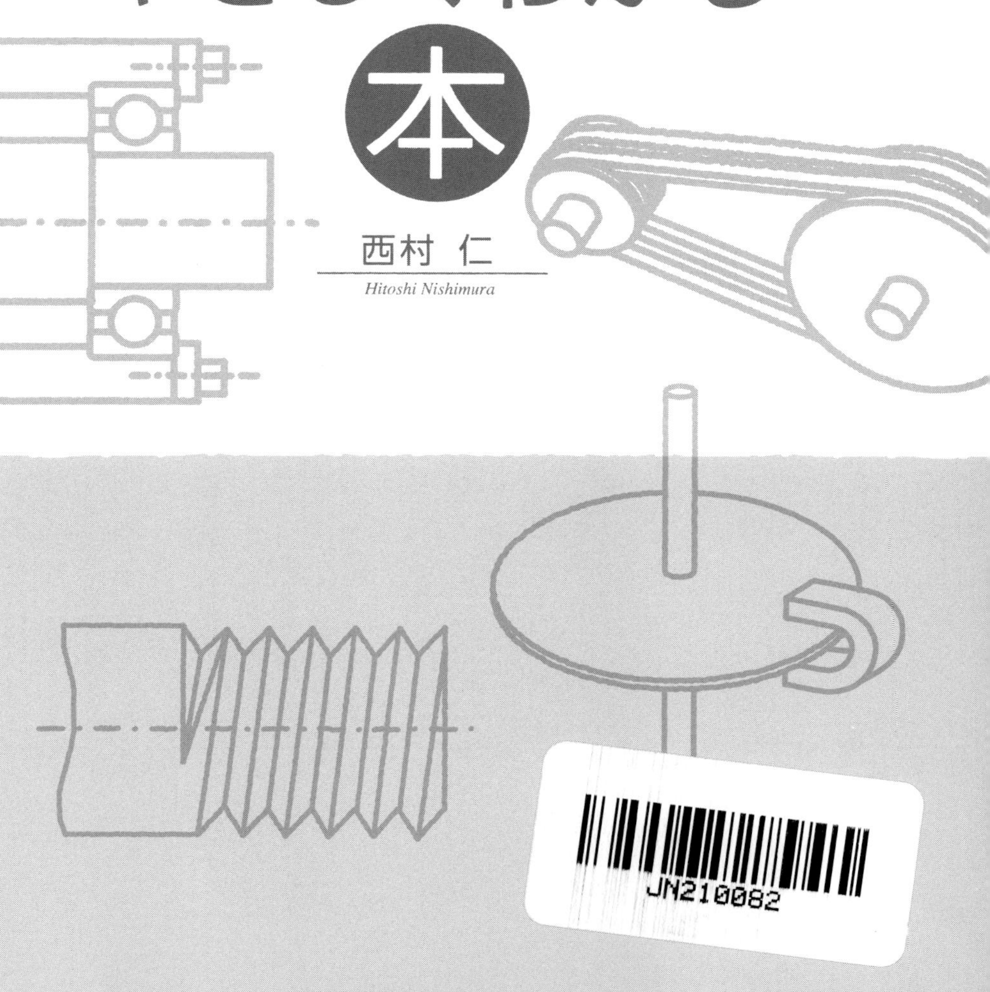

西村 仁
Hitoshi Nishimura

日本能率協会マネジメントセンター

はじめに

必要な設計知識と選定知識

機械設計に必要な知識は、これまでと大きく変わっています。昔はばねや歯車、軸受、クラッチ、ブレーキといった機械要素部品の設計知識が必要とされていました。この当時は市販品が数少なかったので、自分で設計しなければならなかったからです。今でも機械工学系のテキストでは多くの数式を用いて解説されていますが、今やこれらの設計知識は必要ありません。

多くの機械に共通して使うことができる機械要素部品が、さまざまなメーカーから標準品として販売されるようになり、自分でイチから設計するよりもはるかに安く短納期で入手できるようになりました。すなわち、これらの機械要素部品に必要なことは「設計知識」ではなく、「選定知識」になります。

本書の特徴

本書ではこれらを踏まえて、機械を設計する上で必要な基礎知識に絞り込んで紹介します。なお機械に働く力に関する基礎知識は高校物理の力学になるので、詳細の解説は省略します。

1）はじめて機械設計を行う方を対象に、知っておくべき基礎知識に重点をおいて解説します
2）多機能化している市販品の選定方法を紹介します
3）材料の性質や加工法のポイントを押さえることで、コストダウン設計を図るコツを解説します
4）機械設計を効率よく行うための「標準化」の事例を紹介します

この本を読んでいただきたい皆さん

本書は、これから機械設計に携わる新入社員や若手技術者、設計アシスタントの皆さんに、また熟練の設計者には若手社員への教育テキストとして使ってもらえることをイメージしてまとめました。

工学系の学校で学ばれている学生の皆さんにも、サブテキストとして活用できるように、図表や事例を用いて紹介します。

本の構成と読み方

第１章では、機械をつくる狙いと企画から導入までの全体の流れを紹介します。第２章は、運動の形を変えるリンク機構・カム機構と伝達機構として歯車・ベルト・チェーン・ボールねじを、第３章では、ねじをはじめとする締結部品を紹介します。

第４章では、市販されている機械要素部品として軸受・ばね・Oリングの選定方法を、第５章は、駆動源としてモータとシリンダの使い方を、第６章と第７章では、材料と機械加工の基礎知識を解説します。ここでは材料を選ぶ視点と、効率のよい加工法を学びます。

第８章は、コストダウン設計のコツについて具体例を踏まえて紹介します。第９章では、センサの特徴と自動で動かすためのシーケンス制御の基礎知識を、最後の第10章では、機械の品質を数値化する方法と標準化設計について解説します。標準化は効率よく設計する上で有効な手段です。具体的に事例を紹介しますので、ぜひこれを叩き台にしてご自身の標準化を進めてください。

本書はどの章からでも読めるように構成していますが、はじめて機械設計に取り組まれる方は、第１章から順に読み、難しく感じる項目があっても立ち止まらずにざっと最後まで目を通してください。まず全体像をつかむことが効果的です。

機械設計の醍醐味

機械設計には正解がありません。たとえば「A地点にある部品をB地点に移動する」というシンプルな設計を十人の熟練者が取り組んだとしたら、十人すべて違った設計になります。駆動源にシリンダを選ぶのかモータを選ぶのか、どのメーカーのどの規格を選択するのか、メカチャックでつかむのか真空吸引でつかむのか、またそれぞれの部品の材質・寸法・公差・表面粗さ・表面処理といった多くの決め事を行うのが設計なので、これらが十人すべて同じになることはありえないのです。

ですから完成したものが100点満点かどうかは神のみぞ知るところです。だからこそ機械設計は楽しくおもしろいのです。答えは1つの世界ではなく、存分に「個性」を発揮できる世界です。

機械設計に創造性は必要か

機械設計を行うには、工学知識に加えて創造性が必要と考えられています。創造性とは「新たに生み出すこと」なので、既存にこだわらず自由な発想で誰も思いつかないような奇抜なアイデアを生み出すイメージがあります。しかし実際には、創造性は既存の知識や情報の「組み合わせ」です。

「組み合わせ」とは、すでにあるものを足してみる、引いてみる、掛けてみるといったシンプルなことなので、アイデア出しを苦手に思う必要はありません。アイデアを出すためには、その元となる既存の知識や情報を「知っていること」が先決なのです。知識が無いのにアイデアが出ることはありません。

書籍で学ぶ、展示会に足を運ぶ、先輩が開発した機械を穴があくほど観察することで知識を積み重ねる、それが創造性を高める最良の手段です。皆さんの好奇心を存分に発揮してください。

単位について

単位は国際単位系（SI）を用いることになっており、力の大きさはニュートン（N）で表されますが、実感として把握しやすいように工学単位の重力キログラム（kgf）も併用します。
Nとkgfの関係は、

1 kgf＝9.80665N　（数字を丸めて1 kgf≒9.8Nが一般的）

1 N＝0.10197kgf

となりますが、思い切って1 kgf≒10N、1 N≒0.1kgfとしても、誤差は2％以下なので大局を捉える上では問題ありません。

また、圧力は国際単位系（SI）においてパスカル（Pa）で表記され、$1\,N/m^2 = 1\,Pa$です。
パスカル（Pa）と工学単位との関係は、

$1\,kgf/m^2 = 9.8Pa$、すなわち$1\,kgf/mm^2 = 9.8MPa$

これも同様に$1\,kgf/mm^2 \fallingdotseq 10MPa$、$1\,MPa \fallingdotseq 0.1kgf/mm^2$で大局を捉えると便利です。

著 者

機械設計の知識がやさしくわかる本

CONTENTS

はじめに

・必要な設計知識と選定知識 …… 3
・本書の特徴 …… 3
・この本を読んでいただきたい皆さん …… 4
・本の構成と読み方 …… 4
・機械設計の醍醐味 …… 5
・機械設計に創造性は必要か …… 5
・単位について …… 6

第１章　機械を設計する狙い

何のために機械をつくるのか

製品としての機械と製品をつくるための機械 …… 20

機械をつくる狙いとは …… 20

理想の機械とは …… 21

機械の構成

働きで機械を見る …… 22

組合わせで機械を見る …… 23

市販の機械要素部品を使うメリット …… 23

メカ機構と制御機構で機械を見る …… 24

自動化のレベル

自動化レベルを４つに分ける …… 25

鉛筆削りの自動化レベルを考える …… 26

自動化が常に良いわけではない …… 26

機械で量産を開始するまでの流れ

３つのステップで流れを見る …… 27

ステップ１：どのような機械をつくるかを「考える」…… 28
ステップ２：考えたとおりに「つくる」…… 29
ステップ３：完成した機械を生産現場に「導入する」…… 30

機械設計の流れ

機械設計の手順 …… 31
構想や設計の品質を上げる設計審査DR …… 32
製図の品質を上げる検図 …… 33
特許出願について …… 33
いくらまで投資できるのか …… 34

第２章　運動を伝えるメカ機構

リンク機構

直動と回転が運動の基本 …… 36
リンク機構とは …… 36
揺動と回転のてこ・クランク機構 …… 38
両てこ機構と両クランク機構 …… 39
スライダクランク機構とパンタグラフ機構 …… 40

カム機構

カム機構とは …… 41
ひと世代前はカム機構が主役 …… 42
カムの種類 …… 42
カム線図とカム曲線 …… 42
間欠運動機構のインデックスカム …… 43

歯車

回転運動からの伝達 …… 44
歯車の種類 …… 45
歯車の大きさと軸間距離 …… 46
歯の大きさを表すモジュール …… 47
歯車の速度伝達比 …… 48
バックラッシュとは …… 48
歯車の選定手順の事例 …… 49

ベルト

ベルト伝達の特徴 …… 50

ベルトの種類 50
ベルトの張力調整 51

チェーン
チェーン伝達の特徴 52
ローラチェーンの構造 52
ローラチェーンの張力調整 53
自転車の変速機構 53

ボールねじ
ボールねじの構造と特徴 54
選定のポイントはリード 54

コラム　設計審査DRのコツ

第3章　締結部品

ねじ
ねじの用途 58
ねじの原理 58
ねじ山の形状による分類 59

メートルねじ
メートルねじとは 60
ピッチが異なる並目ねじと細目ねじ 61
メートルねじの表示 62
不完全ねじ部 62

ねじとボルトの種類
ねじとボルトの分類 63
小ねじの特徴 64
ボルトの特徴 64
六角穴付きボルトがよく使われる理由 65
工具が不要なねじ 66
特殊ねじの特徴 66

ねじサイズの選び方
ねじ径の選び方 67
ねじ込み深さの決め方 68
めねじのねじ深さと下穴深さ 68

ねじサイズの検討手順 …… 69

ねじの関連部品

めねじの六角ナット …… 70
めねじの強度をあげるインサートねじ …… 70
平座金の狙い …… 71
ばね座金のゆるみ止め効果について …… 72
ねじのゆるみ止め対応 …… 72

締結の要素部品

位置を決める平行ピンとテーパピン …… 74
簡易的なスプリングピン …… 75
脱落防止の割りピン …… 75

軸との締結部品

軸と軸をつなぐ軸継手 …… 76
回転ズレを防止するキー …… 77
過負荷から保護するトルクミリッタ …… 77
抜けを防止する止め輪 …… 78

第４章　機械要素部品

往復直線運動の案内機構

案内機構の全体像 …… 80
スライドレール …… 81
直動ベアリングと回り止め …… 81
レール付き直動ベアリング …… 82

回転運動の案内機構

ベアリング …… 83
主なベアリングの種類 …… 83
内輪と外輪のはめあい …… 85
軸受の取付け方法 …… 86
すべり軸受のブッシュ …… 86

ばね

ばねの特徴と用途 …… 87
ばね選定のポイント …… 87
圧縮コイルばね …… 88

引張りコイルばね……88
ばね手配のコツ……89

その他の機械要素部品
カムフォロアとローラフォロア……90
軽く搬送するためのボールローラ……90
ばねを組み込んだボールプランジャ……91
衝撃を和らげるショックアブソーバ……92
密閉性を保つOリング……92
レベルボルトとキャスタとアイボルト……93

部品供給の機械要素
供給部品の姿勢……94
整列供給装置のパーツフィーダ……94
ボールフィーダとリニアフィーダ……95
凹凸を利用した振込み治具……96
整列状態での供給……96

第5章　アクチュエータ

汎用モータ
アクチュエータとは……98
モータの分類……99
DCモータ／直流モータ……100
ブラシレスDCモータ……101
ACモータ／交流モータ……101

位置制御のモータ
２つの位置制御……102
ステッピングモータの概要……103
ステッピングモータの特徴……104
高精度なサーボモータ……104
直動のリニアモータ……105
各モータの特徴……105

シリンダ
流体を利用したシリンダの特徴……106
空気圧システムの構成……106

空気圧の読み方 …… 107
シリンダの分類 …… 108
複動シリンダの動作サイクル …… 108
シリンダの推進力 …… 109
シリンダ径による推進力とストローク …… 110
揺動するロータリアクチュエータ …… 110
メカ機能がついたシリンダ …… 111

電磁弁

電磁弁／ソレノイドバルブ …… 112
配管接続口の数による分類 …… 112
ソレノイドの数による分類 …… 113
停止位置の数による分類 …… 113

空気圧機器の関連部品

サイレンサとマニーホールド …… 115
スピードコントローラの構造 …… 115
スピードコントローラの接続方法 …… 116
異物を除去するエアフィルタ …… 117
空気圧を調整するレギュレータ …… 117
センサとフローティングジョイント …… 117
配管継手 …… 118
配管チューブ …… 119
一般的な配管の例 …… 119

真空機器

真空の用途 …… 120
真空機器システムの構成 …… 120
真空圧の読み方 …… 121
真空パッド …… 121
３ポート電磁弁による真空破壊 …… 121
真空用フィルタ …… 122
真空用圧力スイッチ …… 122
真空をつくる真空エジェクタ …… 123

コラム　考え抜くことと試してみること

第６章　材料の性質

材料の機械的性質

材料の３つの性質 …… 126
弾性・塑性・破断 …… 126
材料の強さは剛性と強度で見る …… 127
伸びの変形量 …… 127
たわみの変形量 …… 128
断面形状で決まる断面二次モーメント …… 129
実務では断面形状を工夫する …… 130
弾性範囲内で使用する …… 130
降伏点の検証は不要 …… 130
硬さと粘り強さ …… 131

材料の物理的性質と化学的性質

重さを表す密度 …… 132
熱による伸びを表す線膨張係数 …… 132
熱が伝わるスピードは熱伝導率 …… 133
電気の流れやすさを表す導電率 …… 133
良性の黒さびと悪性の赤さび …… 134

主な材料の特徴

材料の全体像をつかむ …… 135
炭素鋼・合金鋼・鋳鉄 …… 135
炭素の含有量 …… 136
JIS規格の品種設定 …… 136
SPCC（冷間圧延鋼板） …… 136
SS400（一般構造用圧延鋼材） …… 137
S45C（機械構造用炭素鋼鋼材） …… 138
SK95（炭素工具鋼鋼材） …… 138
ステンレス鋼（SUS材） …… 138
FC250（ねずみ鋳鉄品） …… 139
アルミニウム系材料 …… 139
銅系材料 …… 140
プラスチック材料 …… 140

性質を変える熱処理と表面処理

熱処理と表面処理の狙い …… 141

熱処理とは……141
焼入れ・焼戻し……142
焼なましと焼ならし……142
高周波焼入れ……142
浸炭焼入れ……143
表面処理とは……143
鉄鋼材料へのめっき……143
アルミニウム材料へのめっき……144
高精度なめっき法……145
さびを防ぐ方法……146
コラム　CADの弱点をカバーする

第7章　機械加工のポイント

削って形をつくる切削加工
機械加工の何を知っておくべきか……148
切削加工の分類と特徴……149
丸形状に削る旋盤加工……149
もっとも加工効率の良い丸形状……150
角形状に削るフライス加工……151
穴やねじをあける穴あけ加工……152
きり穴とは……153
座ぐり穴とは……153
リーマ穴とは……154
めねじ加工……154
砥石で仕上げる研削加工……154
研削加工の種類……155
完全な平面に仕上げるきさげ加工……155
型を使って変形させる成形加工
成形加工の分類と特徴……156
板金のせん断加工と曲げ加工……156
板金の深絞り加工とバーリング加工……157
溶かしてつくる鋳造の特徴……157
砂型鋳造法とダイカスト鋳造法……158
プラスチック加工の射出成形……158

金属を叩いて鍛える鍛造 …… 159
圧をかけて延ばす圧延加工 …… 159
押出し・引抜き加工 …… 160

材料同士の接合加工
接合加工の種類 …… 161
溶接のメリット …… 162
溶接の種類 …… 162
溶接棒を使用するアーク溶接 …… 163
溶接棒は不要な抵抗溶接 …… 164
ろう付けと接着 …… 164

局部的に溶かす特殊加工
力を加えない加工 …… 165
光エネルギーを使ったレーザ加工 …… 165
電気エネルギーを使った放電加工 …… 166
形彫り放電加工 …… 166
ワイヤ放電加工 …… 167
エッチングと３Dプリンタ …… 167
コラム　自分の設計マル秘ファイルをつくる

第８章　コストダウン設計のコツ

加工を考えた設計
切削加工は工具形状が転写 …… 170
一度つかんだら離さない設計 …… 171
はめあいの溝加工は軸に行う …… 172
軸には半径Rで穴にはC面取り …… 172
ポケット形状の隅部半径R指示 …… 173
側面近くの穴加工寸法 …… 173
板金の最小曲げ半径 …… 174
曲げによるふくらみ量 …… 175
バリ取りの面取りC指示 …… 175
鋳造品は鋳物メーカと相談 …… 175

逃げの加工
高精度のはめあい …… 176
高精度の軸の固定 …… 176

同時合わせは不可能 …… 177
直角度を確保する逃げ加工 …… 178
四隅に半径Rをつけてはいけない場合 …… 179
穴の深さは直径の５倍まで …… 179
おねじとめねじの逃げ加工 …… 180

組立を考えた設計

大切な基準の考え方 …… 181
ねじ固定での位置精度の出し方 …… 182
ピンの圧入には貫通穴 …… 183
ねじ固定はすべて上面から …… 183
同時加工によるばらつきの最小化 …… 184
組立図の完成度 …… 184

調整を考えた設計

調整のしやすさとは …… 185
スペーサによる位置調整 …… 185
ねじによる位置調整 …… 186
マイクロメータヘッドによる位置調整 …… 187
現物合わせによる位置調整 …… 187
数値による調整 …… 187
カバーの脱着性 …… 188

第９章　センサとシーケンス制御

センサ

情報を検知するセンサ …… 190
人は抜群のセンサ機能 …… 190
モノを検出するセンサ …… 191
マイクロスイッチ …… 191
光電センサ …… 192
ファイバセンサ …… 193
レーザセンサ …… 194
近接センサ …… 194
画像センサ …… 195
その他のセンサ …… 196

シーケンス制御と制御機器
シーケンス制御とは …… 197
フィードバック制御 …… 197
３つの論理回路 …… 198
プログラマブルコントローラPLCとは …… 199
PLCの構成と接続 …… 199
PLCのプログラム言語 …… 200
プログラムの作成手順 …… 200
プログラムの作成事例 …… 200
コラム　考えるコツ

第 10 章　機械の品質と標準化

機械の品質
機械の良し悪しを二面で見る …… 204
良品をつくる実力を数値化する …… 205
バラツキの度合いを表す標準偏差 …… 205
標準偏差の使い方 …… 205
信頼性を表すMTBF …… 206
整備性を表すMTTR …… 207
MTBFとMTTRの関係 …… 207
品種交換の段取り性 …… 207
外段取りと内段取り …… 208
安全を確保するフェールセーフ …… 208
人のミスを防ぐポカヨケ …… 208

標準化の狙い
なぜ標準化が必要なのか …… 209
設計時間の短縮化と信頼性向上 …… 209
コストダウンと手配作業の最少化 …… 210
保守部品の在庫最少化 …… 210
個性を出すために標準化する …… 210
標準品の見直しは必須 …… 210

標準化の事例紹介
何を標準化するのか …… 211
材料選定の着眼点 …… 211

鉄鋼材料の標準化 …… 212
アルミニウム材料の標準化 …… 212
外形は市販寸法に合わせる …… 212
表面処理の標準化 …… 213
購入品の標準化 …… 214
二社購買のメリット …… 214
ユニットの標準化 …… 215
ねじ種類の標準化 …… 215
ねじ径の標準化 …… 216
深座ぐりの参考寸法 …… 216
パレット寸法の標準化 …… 217
標準数とは …… 217
標準化はトップダウンで進める …… 218

これからのステップアップに向けて

知識を深めるために …… 219
メーカー主催のセミナーを活用する …… 220
知っておくべき基礎知識と専門知識 …… 220
実践を深めるために …… 220
自分のノウハウ集をつくる …… 221
紙に描きながら考える …… 221
直感を大事にする …… 222
設計の日程を守るために …… 222
機械設計を楽しむ …… 222

おわりに …… 223

第1章 機械を設計する狙い

何のために機械をつくるのか

製品としての機械と製品をつくるための機械

機械の正式な定義はありませんが、一般的には「動力を用いて一定の運動を繰り返すことで、対象物に変化を与えるための道具」と解釈されています。機械は身の周りで多く目にします。クルマも機械ですし、コピー機も洗濯機も機械です。そのほか、ブルドーザなどの建設機械、トラクタといった農業機械もあります。

これらの機械もまた、機械を使ってつくられています。機械の部品は、金属材料を削ったり、穴をあけたり、金型で打ち抜いてつくります。この加工には、旋盤やフライス盤、プレス機といった工作機械を使います。そこで工作機械は「機械をつくる機械」という意味で、マザーマシン（母なる機械）と呼ばれています。この他には組立機や検査機、梱包機といった機械もあります。

このように、機械は製品そのものを指す場合と、製品をつくるための機械に分かれます。後者は生産設備ともいい、本書はこの生産設備を前提に解説を進めます。

機械をつくる狙いとは

製品をつくる機械を開発する狙いは、ひと言で言えば「必要な数量を効率よくつくるため」です。

この狙いを分解して見てみましょう。

（１）製品を大量につくるため

人手作業では納期に間に合わない場合や、人手不足への対応

（２）人のスキルへの対応

作業者のスキルを上げるのに多くの時間を要する場合や、スキルの伝授が難しい場合への対応

（3）品質の維持

人手作業では品質がばらつく場合や、精度が高くて人手ではつくれない場合への対応

（4）コストダウンや生産期間の短縮

安くつくると同時に、生産期間短縮への対応

理想の機械とは

製品としての機械も生産設備としての機械も、理想の姿は同じです。その条件を考えてみましょう。

（1）製作する上での条件：安く早くつくれること

①部品点数が少ないこと

②汎用の工作機械で加工できること

③組立がしやすいこと

④短時間で容易に調整できること

（2）使う上での条件：使い勝手のよいこと

①適したスピードで正確に動くこと

②止まることなく、きちんと動くこと

③品質のばらつきが少なく、不良品が出ないこと

④操作しやすいこと

⑤適した大きさであること

⑥安全であること

⑦騒音や振動、臭いなど不快な現象がないこと

⑧愛着を持てるデザインであること

⑨省エネで動くこと

⑩故障せず長持ちすること

⑪故障してもすぐに修理できること

⑫点検箇所が少なく、作業も簡単なこと

機械の構成

働きで機械を見る

機械の構成をいくつかの視点で見てみましょう。まずは入力と出力の働きに注目します。電気や圧縮空気などのエネルギーと原材料や情報を入力して、モータやシリンダといった駆動源でつくり出した運動をメカ機構により変換・伝達して、入力とは違った形で出力します。

たとえば、クルマはガソリンを入力として、内燃機関で発生させた往復直線運動を回転運動に変換してタイヤに伝達することで、走行という働きを出力しています。

すなわち働きから見た機械は次の構成から成ります。

①動力発生部：動力を発生する駆動源
②変換伝達部：動力の変換や伝達
③制　御　部：自動で正確に動かす指令を発信
④保　持　部：各部を適正な位置に保持

一方、治具や測定器は動力発生部がなく上記の構成を満たさないので、機械ではなく器具といいます。

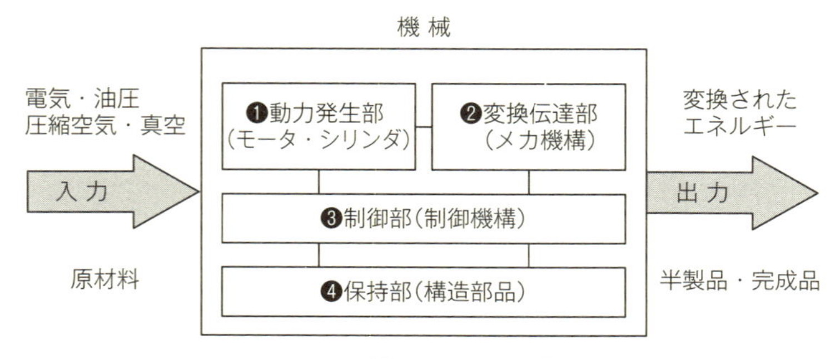

図1.1　働きから見た機械

組合わせで機械を見る

次に、機械の構成を部品の組合わせという視点で見てみましょう。部品は大きく２つに分類できます。１つはその機械固有の部品です。特化した部品なので、市販の鉄鋼材料やアルミニウム材料を図面に従って加工することが必要です。

もう１つは機械要素部品といって、世の中の多くの機械に共通する部品であり、一般に市販されています。単体部品には、ねじ・ばね・軸受・Oリングなどがあり、機能を持ったものにはモータやシリンダ・センサがあります。以上の固有部品と機械要素部品の組合わせで機械はつくられています。

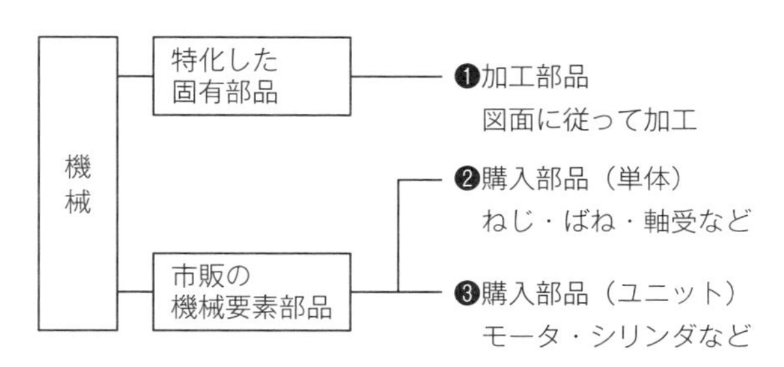

図1.2　組合わせから見た機械

市販の機械要素部品を使うメリット

市販されているものを市販品や購入品といい、JIS規格（日本工業規格）で定められた規格品も数多く販売されています。これらを使うメリットは「品質が良く」「安価で」「短納期」「規格品のため交換も容易なこと」です。自分で設計するよりも利点が多く、積極的に使っていくことが有効です。

メカ機構と制御機構で機械を見る

３つめは、機構の視点で見てみましょう。シリンダの往復直線運動やモータの回転運動を、リンク機構やカム機構によって必要な形に変えるしくみがメカ機構です。回転運動の速度やトルクを変えたり運動方向を変換させる際には、歯車・ベルト・チェーン・ボールねじを用います。自転車のギア変速装置も速度やトルクを変えるメカ機構の一種です。

こうした機械の運動を自動で正確にコントロールするのが制御機構です。動きの順序や条件をプログラムして自動で制御することをシーケンス制御といいます。また指令を出すだけではなく、実際に指示したとおりに動作したかを確認し、ズレがあれば修正する制御がフィードバック制御です。全自動洗濯機は、スタートボタンを押せば、あとは自動で洗濯物の量を検出し、必要な水量が供給され、洗いや脱水、乾燥を最適な条件で行えます。これは制御機構のおかげなのです。

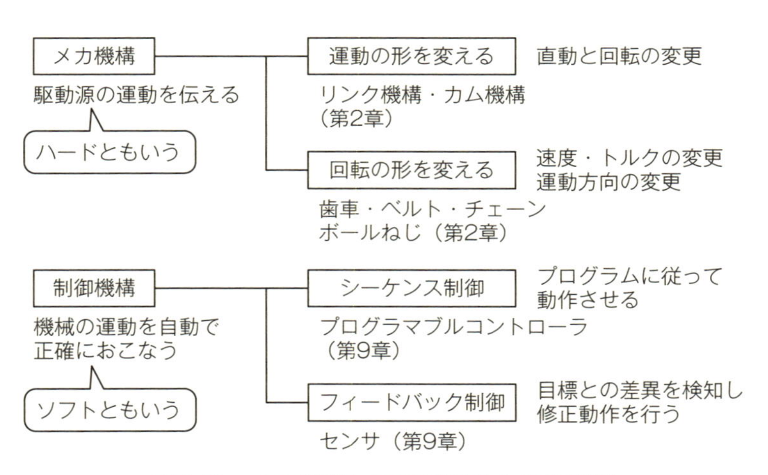

図1.3　メカ機構と制御機構から見た機械

自動化のレベル

自動化レベルを４つに分ける

自動化のレベルを「手作業」「治具化」「半自動化」「完全自動化」の４つに分けて見てみましょう。

（１）手作業

対象物と工具だけのすべて手による作業です。作業者の熟練度により品質と作業時間に大きなばらつきが生じます。

（２）治具化

多くの作業は、対象物の位置を決めて固定して行います。そこで、この位置決めと固定を簡単にワンタッチでできる器具を治具（じぐ）といいます。治具を使うことで品質のバラツキが低減したり、作業時間短縮などの効率アップを図ることができます。

（３）半自動化

１台につき１人の作業者がついて操作する「手作業＋自動化」から半自動化といいます。対象物の取入れと取出しは手作業で、付加価値を生む作業は自動で行います。

手作業は一見不合理に見えますが、取入れと取出しの際には目視チェックも行うので、毎回受入れ検査と出荷検査をしていることになり、格段に品質が高まります。

この半自動機は構造がシンプルなので、短期間で開発できて安価なうえに段取り時間も短く、多品種対応にも利点があります。

（４）完全自動化

対象物をセットしてスタートボタンを押せば、自動で連続運転をして、自動で取り出すのが完全自動化です。これにより作業者は、複数台数を担当する「多台持ち」や、他の作業も同時に担当する「多工程持ち」が可能になります。

鉛筆削りの自動化レベルを考える

鉛筆削りの加工例で自動化レベルを見てみましょう。鉛筆をカッターナイフで削るのは「手作業」です。鉛筆と刃の位置が安定しないので、出来あがりは毎回バラつきます。また慣れ・不慣れによって、加工時間に大きな差がでます。

それに対して、手回しの鉛筆削り器を使えば、鉛筆と刃の位置が決まるので、出来あがりはいつも同じで、誰もが同じ時間で削ることができます。これが「治具化」です。

次に刃を自動で回転させたものが自動鉛筆削りです。鉛筆を差し込むだけで、自動で削ってくれます。手動（取入れと取出し）＋自動（切削加工）なので「半自動化」です。最後の「完全自動化」は、鉛筆会社の製造工場の機械になります。材料をまとめて投入すれば、あとは自動で削り、自動で取り出します。

自動化が常に良いわけではない

ここまで自動化のレベルを見てきましたが、自動化が進んでいるほうが良いというわけではありません。自動化のレベルが上がるほど開発期間は長くなり、投資額も大きいので、生産する数量が少なければ投資額を回収できなくなります。また対象物に変更が生じた場合の改造にも大きなコストと時間が必要になります。

一方、投資額が小さい治具や半自動機は、多品種少量生産やひんぱんに製品設計が変わる場合の対応が容易です。もっとも効率のよいモノづくりを行っているとされるクルマの製造でも、完全自動化している工程は溶接と塗装だけで、他の工程は治具もしくは半自動機でつくられています。機械の導入はあくまでも効率よくつくるための「手段」なので、どの自動化レベルが良いのかは適宜判断することが必要です。

機械で量産を開始するまでの流れ

３つのステップで流れを見る

新たに機械を企画してから量産を開始するまでの全体の流れを見ておきましょう。大きくは以下のような３つのステップで進めます。

・ステップ１：どのような機械をつくるかを「考える」
・ステップ２：考えたとおりに「つくる」
・ステップ３：完成した機械を生産現場に「導入する」

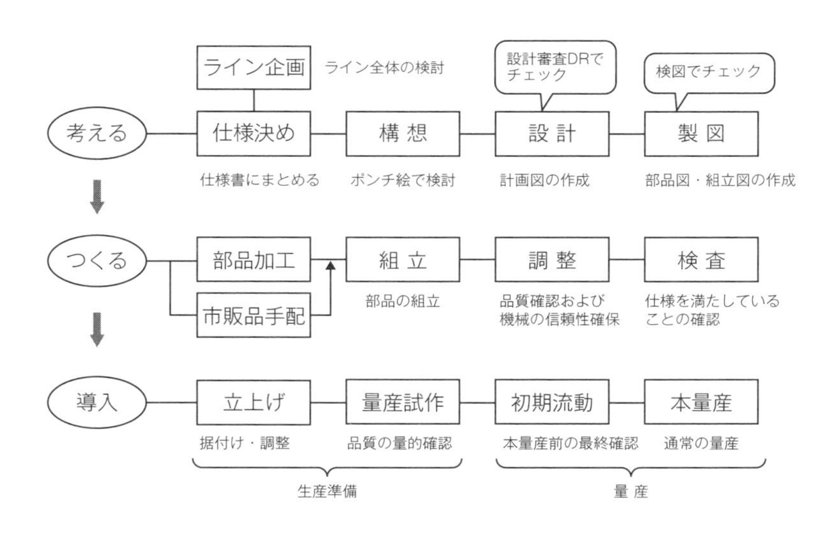

図1.4　企画から量産までの流れ

ステップ1：どのような機械をつくるかを「考える」

まずはスタートとして、製品をどのような工程に分けてつくるかという全体像を検討します。たとえばクルマの例では、図1.5を見れば全体の流れがひと目でつかめます。

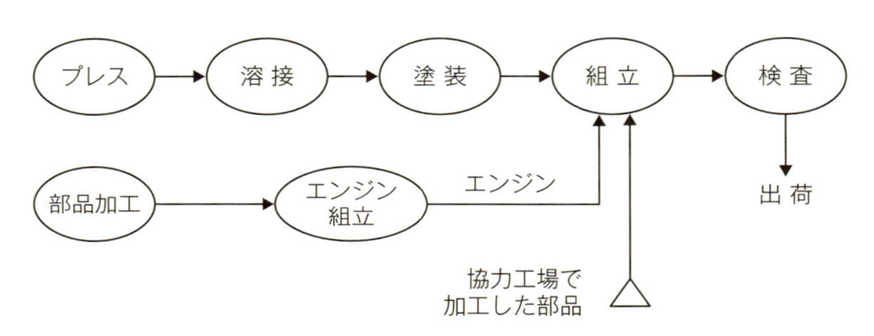

図1.5　クルマの生産工程

次に生産能力とコスト試算より自動化レベル、配員、レイアウトを検討します。とくに、自動化レベルは投資額に大きく影響するので大切なポイントです。自動化レベルが上がるほど減価償却費がアップする代わりに、配員が削減されて労務費が下がることから、これより目標とする許容投資額を算出します。これらの作業をライン企画といいます（図1.6）。

ライン企画ができれば、次に工程ごとの仕様を検討します。これを仕様決めといい、検討した自動化レベルに従って個々の機械の仕様を詳細に決めていきます。

作成した仕様に基づいて機構や構造、駆動源を考えるのが構想です。ここで機械の概略イメージができます。構想が固まれば計画図の作成に入ります。計画図は下書き的な位置付けであり、これをもとに製作用の部品図と組立図、そして部品リストを作成します。

この設計の流れの詳細は、次の項で詳しく紹介します。

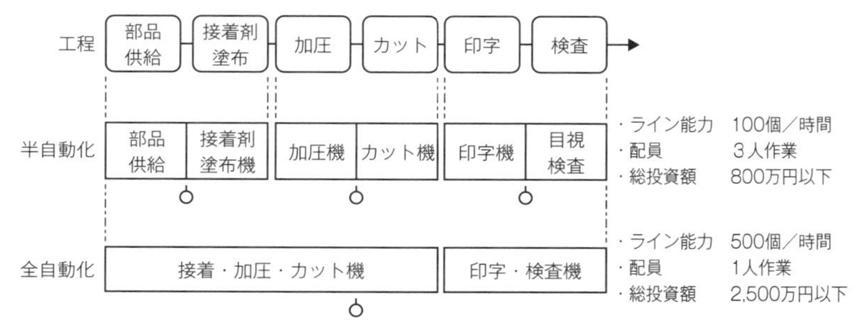

図1.6　ライン企画の例

ステップ2：考えたとおりに「つくる」

製作図面に基づいて形にするのがステップ2です。部品を加工すると同時に市販品を手配します。

すべての部品が揃えば組立を行います。機械は下から順番に組み立てるのではなく、ユニットやブロックと呼ばれる機能ごとに組み立てます。これを「部分組立」といいます。

部分組立が完了したら、順次フレームに固定し、配線や配管工事を行います。これを「総組立」といいます。

総組立が完了すれば、動作の手順をまとめたプログラムを制御部に入力して、狙いどおりに動くかをチェックします。問題が出たら、プログラムの修正を行います。この修正作業をソフトデバックといい、同時にメカ機構の調整を行います。

調整が完了すれば、当初の仕様どおりに完成したかを検査します。検査項目は第10章で解説する「良品をつくる実力」と「安定して動く実力」です。

ステップ３：完成した機械を生産現場に「導入する」

完成した機械で量産を開始するまでに「立上げ」→「量産試作」→「初期流動」→「本量産」の４つのステップを踏みます。

機械を生産現場まで搬送し、所定位置に据え付けます。電源や圧縮空気を機械につないで運転してみて、問題がないことを確認します。これらの作業を立上げといいます。

立上げの次は量産試作で、略して量試（りょうし）ともいいます。これは量産に先立って同じ生産条件で流して、全数検査により製造品質を確認し、この結果により量産への移行可否を判断します。この判断基準は一律に決まったものはなく、機械や製品ごとに設定します。この量産試作で確認した製品は販売しません。

量産試作が合格になれば、量産に移行します。はじめは初期流動といって、製造品質や機械の稼働状況を細かく確認します。量産試作でも評価は行っているものの、量産では扱う量が一気に増えるため、いままで出なかった問題が見えてきます。これらに対応して、製品の品質も機械の稼働も安定するまでマンパワーをかけて取り組む管理体制を初期流動管理といいます。この初期流動が完了すれば本量産に移行します。

機械設計の流れ

機械設計の手順

機械設計の対象となるステップ１の仕様決めから設計までについて、さらに詳細に見ていきましょう。

（１）仕様決め

どのような機械をつくるかを考えるスタートの段階です。これまでにない新たな機械をつくるのか、すでにある既存の機械をベースに改造設計するのかの方向性を定めた上で、生産能力やサイズ、作業性、投資額などを具体的に数値で決めていきます。

これらをまとめたものが仕様書になります。ここで開発期間や、開発メンバー、開発予算も同時に決まります。

（２）構想

作成した仕様書に基づいて、形の検討に入ります。先の仕様決めは平面である２次元の検討だったのに対して、構想は立体となる３次元の検討です。駆動源に何を用いて、どのようなメカ機構を使うのかをポンチ絵を描きながらまとめていきます。

この段階では部品１点ごとの形状はまだざっくりしたもので、寸法も機械全体の全長・奥行き・高さといった全体レベルの検討になります。

（３）設計（計画図の作図）

構想した内容を具体化する作業です。あらゆる機械設計知識と経験を総動員して、部品１点ごとの形状・材質・寸法・公差・表面粗さを、加工法や組立調整のしやすさ、メンテナンス方法も考慮しながら作図します。

この図面を計画図といい、何度も修正を加えながら完成度を高めていきます。設計者にとってもっともやりがいを感じる作業です。

機械の品質とコストはこの計画図で決まるといっても過言ではありません。設計が終わった後に製造部門や購買部門がコスト削減に取り組んでも、大きく変更することは難しく限界があるからです。

（４）製図（部品図と組立図の作図）

完成した計画図をもとにして、製作用となる部品図と組立図を作図します。また、加工する部品や手配する市販品の規格を一覧にまとめた部品リストの作成も製図作業の１つです。この製図では正確さとスピードが求められます。

以上のように（３）の設計と（４）の製図はまったく別の作業になります。設計は新しいものを生み出す「思考の作業」で、製図は思考した内容を製作用図面に描き現す「作図の作業」です。そのため後者の部品図や組立図を描く作図段階で形状を変えるといった変更は、大きな時間のロスにつながるだけでなく、図面ミスの多くはこの図面変更時に発生します。だからこそ元になる計画図の完成度を高めることが大切なのです。

構想や設計の品質を上げる設計審査DR

上記の構想や計画図の完成度をより高めるしくみを設計審査といいます（図1.4)。一般には英語のデザイン・レビューを略してDR（ディ・アール）といいます。DRは設計担当者が発表者となり、確認者は製造部門の加工・組立・調整・検査・安全衛生や営業部門などの関係者です。

確認者は自身の専門分野の立場で製造のしやすさの視点、品質確保や安全面からの視点、顧客の視点からアドバイスを行います。DRを実施するタイミングは、構想完了時点と計画図の作成完了時点での実施が有効です。一方、部品図や組立図を作成した後の開催タイミングでは、変更のロスが大きくなるので効果的ではありません。

製図の品質を上げる検図

作図した部品図と組立図をチェックすることを検図といい、チェックは製図者自身と第三者が行います（図1.4）。自らチェックすることを自己検図といい、寸法や公差にミスがないかをJIS製図規格に基づいて確認します。第三者では、先輩や上司といった高い設計スキルを持ったメンバーが行います。

初級設計者の図面は、この第三者の検図で多くの指摘を受けますが、この指摘は設計スキルをあげる絶好の機会になります。経験を重ねるにつれて検図で受ける指摘は少なくなり、逆に後輩設計者の図面を検図する立場に成長します。

特許出願について

構想や設計を進める中で、メカ構想や工法において新たな発明をした場合、これを独占的に利用できる権利を得るために特許出願をします。権利は出願してから20年間有効です。とくに製品が対象である場合には、非常に有効な手段です。特許戦略としては、できる限り広く解釈できるように申請することで、他社の参入を防ぐことが可能になります。また有効な特許であれば、他社に特許の使用を許可して、ライセンス料を得る選択肢もあります。

一方、特許の対象が生産設備である場合は、外販する以外は社内で使用するため、第三者の目に触れることはありません。メカ機構を特許申請する場合には、図表を用いて詳細に記述する必要があるため、機密事項を逆に第三者に広く公開することになります。こうした背景から、社内で使用する機械の場合には特許出願は控える一方、社内特許制度といったオリジナルの制度を設けて、発明者に報奨金で報いる企業もあります。これも特許戦略の一環になります。

いくらまで投資できるのか

ところで、機械にはいくらまで投資できるのでしょうか。たとえば、コストダウンのために、１人で手作業している工程に完全自動機を導入するとします。この機械に１億円必要と聞けば、直感的に高く感じるでしょう。これを数値で判断するのが投資経済計算になります。

この計算式は少々複雑ですが、ざっくり簡単に紹介します。作業者１人の年間の労務費が400万円として、これをたとえば３年間で換算すると計1200万円になります。

一方、完全自動機といっても材料の投入と自動で取り出された製品の搬出作業は必要ですから、この作業に手作業の５分の１、すなわち0.2人必要とすると、３年間の労務費は「400万円×0.2×３年」で240万円になります。すなわち「1200万円－240万円」の差額960万円の投資額であれば、３年間で回収できることになります。

この３年間は投資額を回収する期間であり、償却期間といいます。機械の種類によって異なりますが、税法上は10年が一般的です。しかし、グローバル化によって変化が加速し、製品寿命も短くなっているため、投資経済計算では３年や５年といったように、自社に見合った償却期間を独自に設定しています。

また機械の導入で手作業よりも不良率が削減できるならば、そのコストダウン効果を見込んで投資額を加算することができます。

第2章 運動を伝えるメカ機構

リンク機構

直動と回転が運動の基本

運動の基本は「往復直線運動（直動）」と「回転運動」です（図2.1）。それぞれ単独で運動する場合や、らせん運動のように直動と回転運動を組み合わせたものもあります。これらの運動を伝えたり、形を変える機構として「リンク機構」と「カム機構」を紹介します。

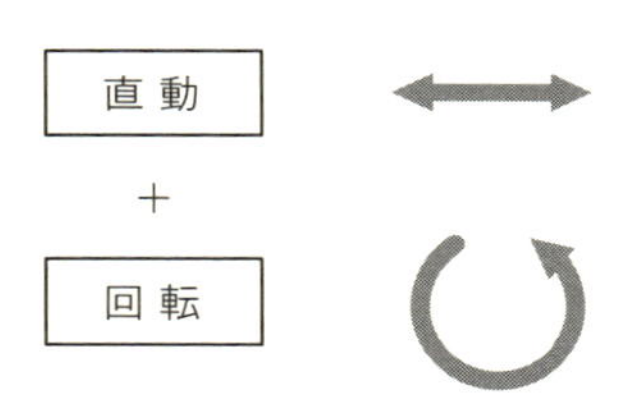

図2.1　運動の基本

リンク機構とは

建設機械のショベルカーは複雑な動きをします。油圧シリンダの往復直線運動をアームの回転運動に変えたり、土砂をすくいあげるバケットの回転運動に形を変えています。これらの力を伝える部品をリンクといい、リンクを組み合わせたものがリンク機構です。

リンクのつなぎ目は回転できる構造になっており、リンクを３本つなげた場合は固定となり運動はできず、リンクが４本以上で運動が可能となります。

リンクが４本の場合は動きが１パターンになり、同じ動きを繰り返す場合に適しています。リンクが５本以上になると複数の動きが可能となる一方、制御が複雑になります（図2.2）。

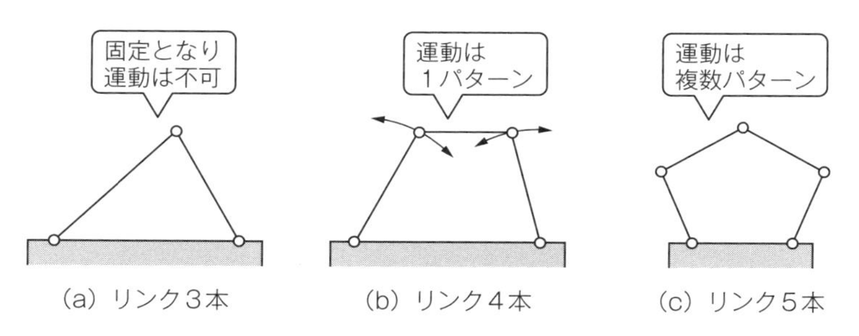

図2.2 リンク本数の違い

リンク機構には主に5つの種類があります。(図2.3)。各機構の名称は、揺動を「てこ」、回転を「クランク」と呼びます。

揺動の「てこ」は360° 1周する回転ではなく、ある角度内での往復円運動です。では、順に見ていきましょう。

種類	機構	動き
❶てこ・クランク機構	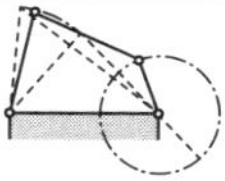	揺動 ⟺ 回転
❷両てこ機構	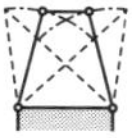	揺動 ⟺ 揺動
❸両クランク機構	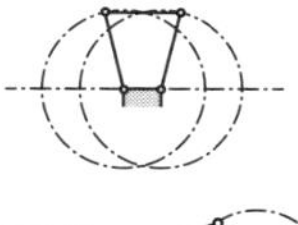	回転 ⟺ 回転
❹スライダクランク機構	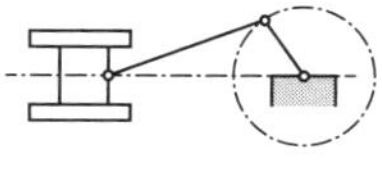	直動 ⟺ 回転
❺パンタグラフ機構	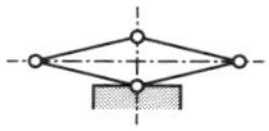	直動の方向転換

図2.3 リンク機構の種類

揺動と回転のてこ・クランク機構

てこ・クランク機構は「てこ」の揺動と「クランク」の回転を行う機構です（図2.4）。片側を揺動させるともう片側が回転し、その反対に片側を回転させるともう片側が揺動します。この機構の条件は「最短リンクの隣のリンクを固定」することです。

片側を揺動させてもう片側を回転させる例は自転車です。足を揺動させることでペダルを回転させています（図2.5）。その反対に片側を回転させてもう片側を揺動させているのは扇風機の首振り機構です。モータの回転を扇風機ヘッドの揺動に変えています。

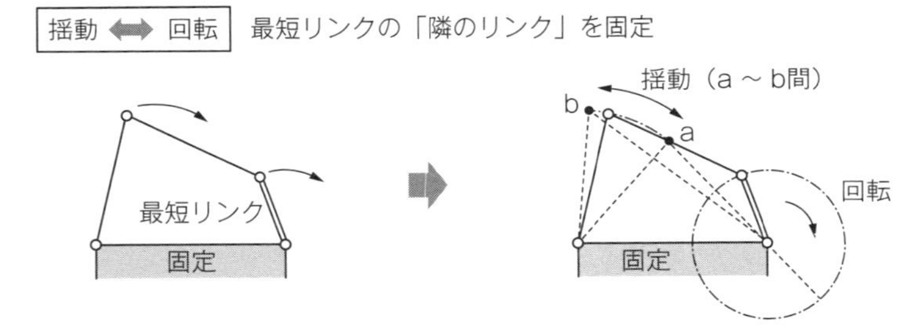

図2.4　てこ・クランク機構

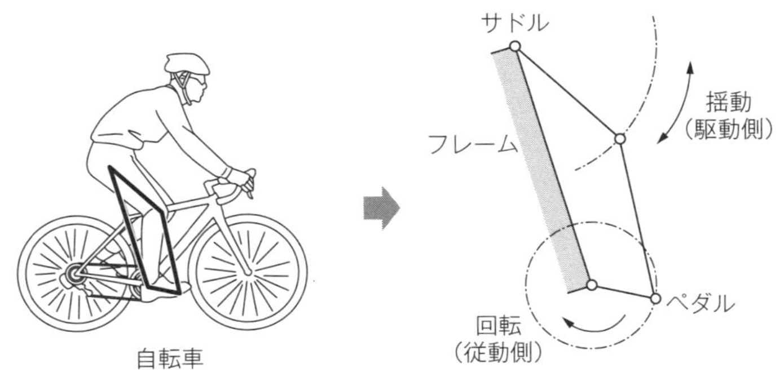

図2.5　てこ・クランク機構の例

両てこ機構と両クランク機構

両てこ機構は両方ともに「てこ」の揺動です。「最短リンクに向き合うリンクを固定」します（図2.6）。最短リンクと、それに向き合うリンクの長さが同じ場合には平行に動くので、バスのフロントワイパはこの機構を活かしています。最短リンクに取り付けられたワイパのゴムは傾かずに縦向きのまま往復するのが特徴です。

両クランク機構は両方ともに「クランク」すなわち回転です。「最短リンクを固定」します（図2.7）。

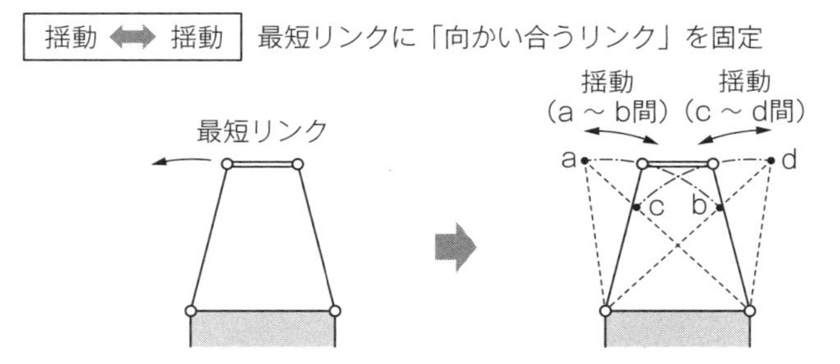

図2.6　両てこ機構

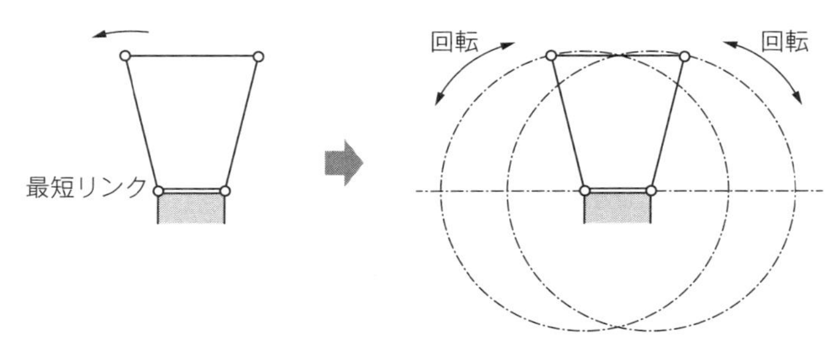

図2.7　両クランク機構

スライダクランク機構とパンタグラフ機構

スライダクランク機構はリンクを２本使用して、一方のリンクの片側を固定し、もう一方のリンクにガイドを設けて往復直線運動ができるようにした構造です。これにより往復直線運動と回転運動を互いに変換することができます（図2.8）。たとえば、往復直動運動を回転運動に変えているのは内燃機関のエンジンで、逆に回転運動を往復直線運動に変えているのはプレス加工に使用するクランクプレス機やエキセンプレスです。

パンタグラフ機構は、往復直線運動の向きを変えます。列車のパンタグラフや、クルマのタイヤ交換で車体を持ち上げるジャッキはこの機構を活かしています（図2.9）。

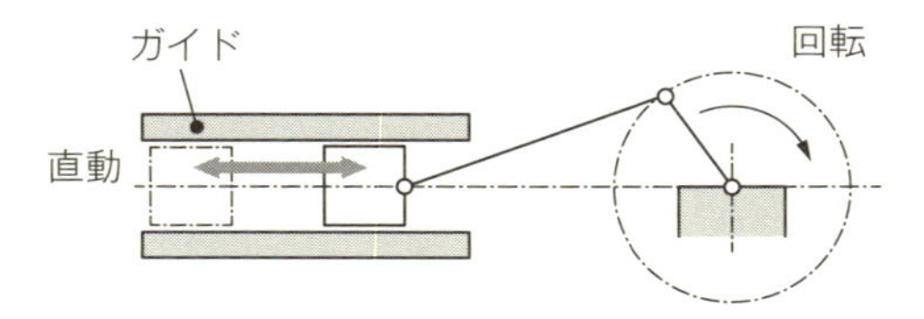

図2.8　スライダクランク機構

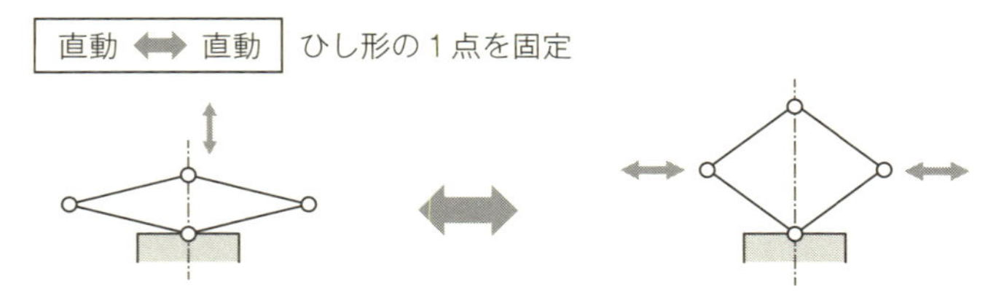

図2.9　パンタグラフ機構

カム機構

カム機構とは

輪郭が任意の形状をした機構部品をカムといいます。カムを回転させることで、カムに接触させた部品（カムフォロアなど）を往復直線運動や揺動運動させます（図2.10）。運動のサイクルタイムはモータの回転数で決まり、変位量と加速度はカムの輪郭形状で決まります。

そのためカムは、その都度設計するオーダーメード品になります。

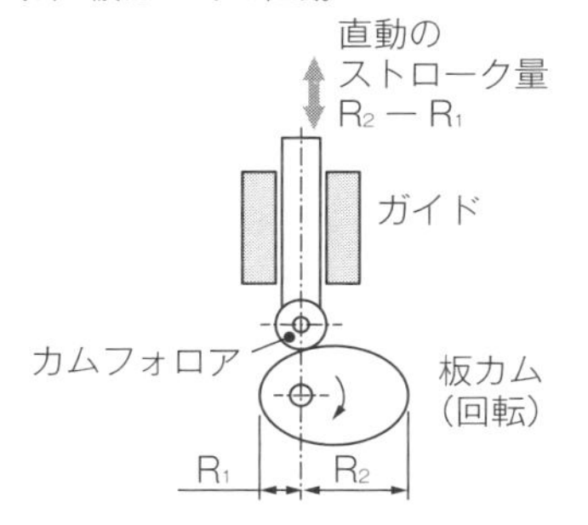

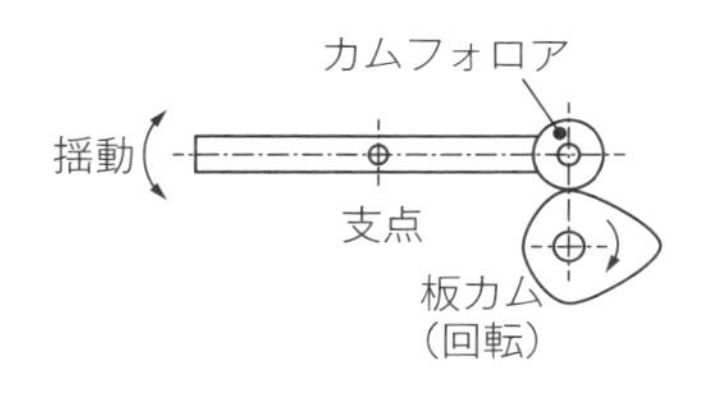

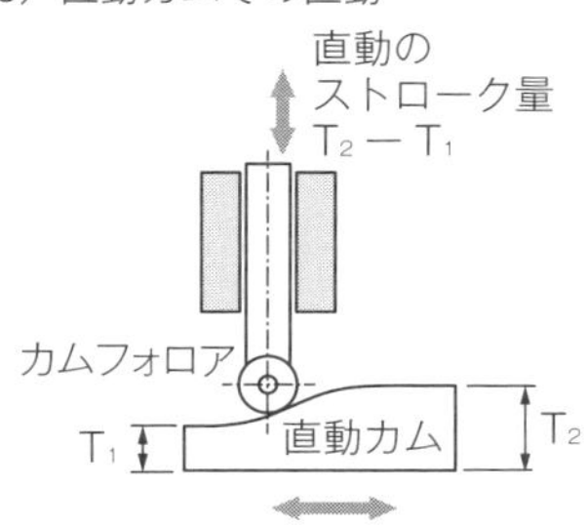

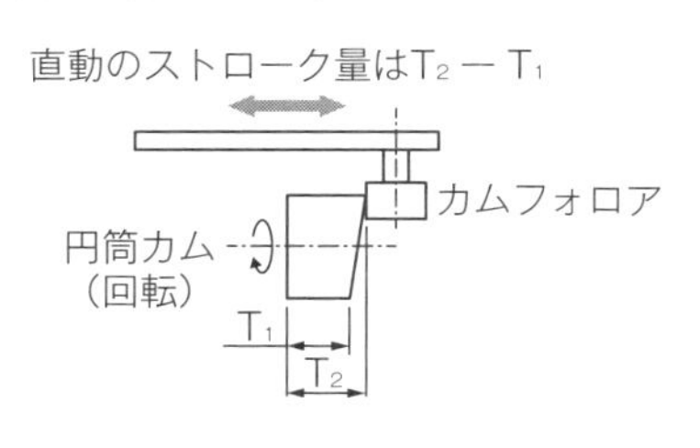

図2.10　カムの種類と動き

ひと世代前はカム機構が主役

現在広く使われているロボットの特徴は、可動部の軌跡や停止位置、また速度や加速度をプログラムで自由に設定できる点です。

しかしひと世代前には、現在のような高性能なモータや緻密な制御ができるコンピュータがなかったため、カム式機械が主流でした。1本の主軸に必要なカムを複数枚組み込み、トルクのあるモータで主軸を回転させることにより必要な動きをつくっていました。

カムの輪郭形状で動きが決まるので、動きを変えたいときにはカム自体を差し替える必要があり、簡単に変更することはできません。その反面、メカ的に位置が決まるので可動部の繰り返し位置精度は、現在のロボットよりも優れており、カムは今でも現役の機構です。

カムの種類

形状の違いにより平面カムと立体カムに分かれます（図2.10）。平面カムは厚みが一定の板形状で外形が任意の曲線になっており、回転により往復直線運動や揺動運動をつくり出す板カムと、左右に動かすことで往復直動運動をつくり出す直動カムがあります。

立体カムは、厚み方向が任意の曲線になっています。端面に接触させる端面カムと、溝に沿わせる円筒カムがあります。

カム線図とカム曲線

カムに接触させる従動部品の動きを表したものがカム線図です。図面には横軸にカムの回転角度、縦軸に変位量を表します。

ただし、このままカム曲線にすると、変位が急激に変わるポイントで、カムフォロアが追従できずに、カム面から離れるというリスクが発生します。そこでなめらかに変化するように、変形正弦曲線や変形台形曲線を用いてカム曲線に丸みをつけます。

間欠運動機構のインデックスカム

駆動側は一定速度で連続回転し、従動側は「一定角度回転」した後に「一定時間停止」するというサイクルを繰り返す機構を間欠運動機構と呼びます。たとえば図2.11の機構では、駆動側が120°回転する間に従動側が45°回転し、駆動側が残りの240°回転する間は従動側は停止します。こうした機構はインデックスカムとして市販されており、従動側の回転角度は45°だけでなく、30°や60°などのバリエーションから選べるようになっています。

(a) ピンが溝にはまり回転開始

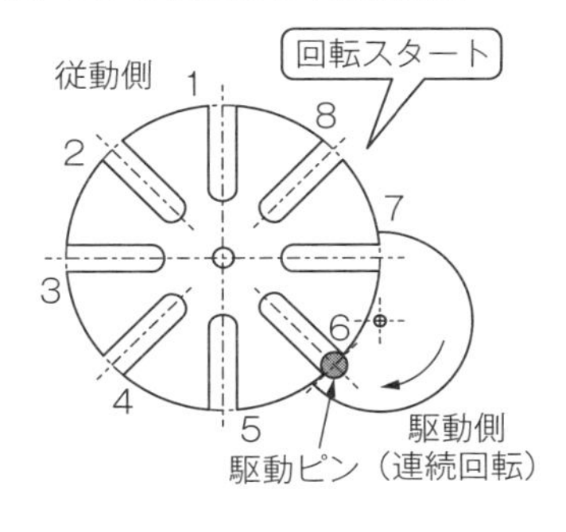

(b) 従動側も回転中

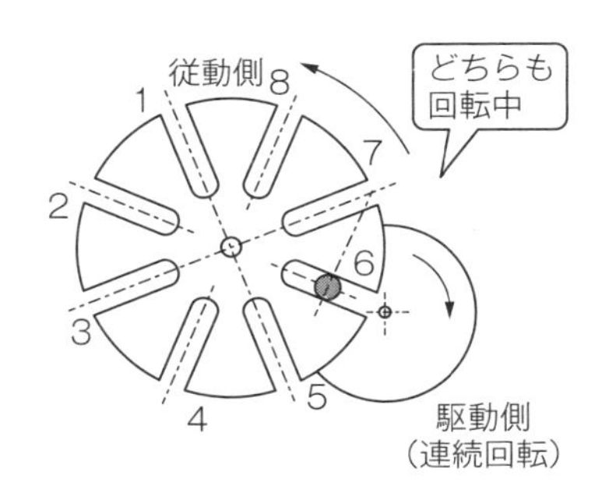

(c) ピンが溝からはずれ回転終了
（従動側45° 回転）

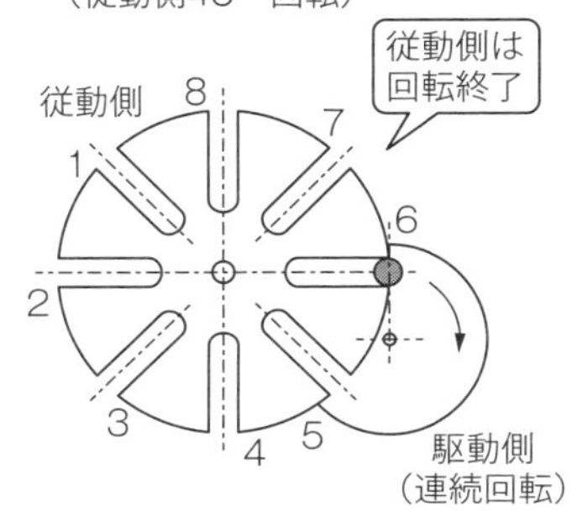

(d) 溝から外れている間は停止中

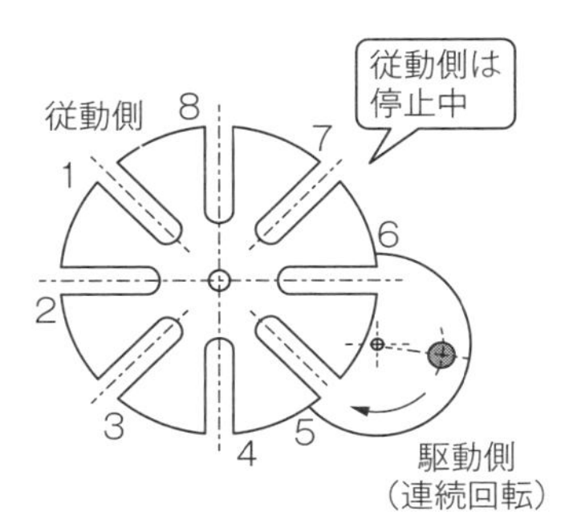

図2.11 インデックスカムの動き

歯車

回転運動からの伝達

回転の駆動には主にモータが使われます。この回転を伝えるメカ機構はモータの回転をそのまま伝えるだけでなく、速度やトルク、また回転の向きを変えられることが大きな特徴です（図2.12）。

2軸の軸間距離が小さい場合は、高速・高荷重の伝達が可能な「歯車」が適します。2軸の間隔が離れている場合は、「ベルト」や「チェーン」を掛けて動力を伝えます。ベルトはゴムが主材料なので騒音が小さく、潤滑の必要がなく保全も容易です。一方、チェーンは鉄鋼材料を用いているので、高荷重への対応に適しています。

回転運動から往復直線運動への伝達には「ボールねじ」や「ラック」を用います。では、歯車から順に見ていきましょう。

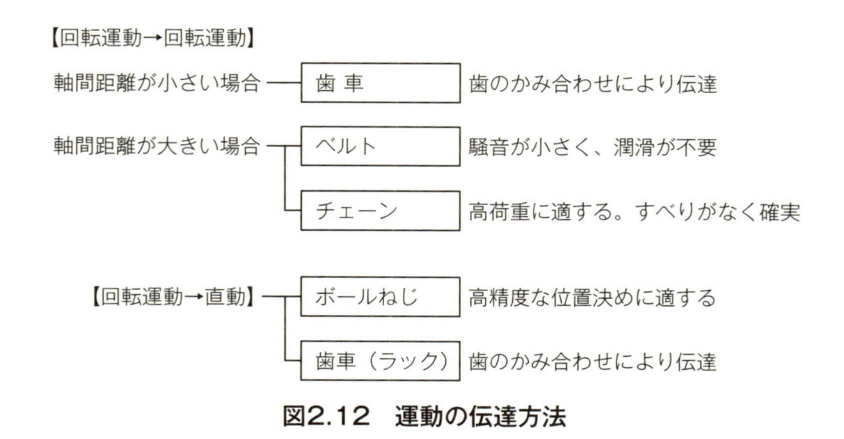

図2.12　運動の伝達方法

歯車の種類

歯車には多くの種類がありますが、ここでは代表的なものを紹介します（図2.13）。伝達の方向により「２軸が平行」「２軸が交差」「２軸が平行でもなく交差もしない」に分かれます。

２軸が平行の場合は「平歯車」や棒状の「ラック」を用います。平歯車同士の組合わせでは回転運動から回転運動に伝達し、平歯車とラックの組合わせでは回転運動と往復直線運動の変換を行います。

２軸が交差する場合は、円すい形状の「かさ歯車」を用います。２軸が平行でもなく交差もしない場合は、ウォームとウォームホイールを組み合わせた「ウォームギア」を用います。小型で回転の速度比が大きいのが特徴で、減速装置に使用します。駆動はウォーム限定で、ウォームホイールを駆動側にすることはできません。

小さい歯車から大きな歯車に力を伝えると、回転数は遅くなりますがトルクは大きくなります。

伝達方向	歯車の種類	特 徴	外 観
２軸が平行	平歯車	直径を変えることで 速度とトルクを変換。 もっとも一般的な歯車	
	ラック	回転運動↔直線運動に 変換。 平歯車とセットで使用	平歯車 ラック
２軸が交差	かさ歯車	円すい形状。 回転軸の方向を変換	
平行でもなく 交差もしない	ウォームギヤ	ウォームからウォーム ホイールへ伝達。 回転速度比が大きいた め、減速装置に使用	ウォーム ホイール ウォーム

図2.13　歯車の種類

歯車の大きさと軸間距離

歯車の大きさは、摩擦車を原点に考えると理解が進みます。摩擦車は円状の２つの車を接触させて、接点の摩擦で動力を伝えます。しかし、これではすべりが生じるために、正確に回転を伝えられません。そこで、摩擦車の外周に凹と凸をつけたものが歯車です。

摩擦車の外径を基準円とすると、２つの歯車もこの基準円で接することになります。この基準円の直径が歯車の市販カタログに表示されている「基準円直径」を意味し、ピッチ円直径ともいいます。すなわち２軸の軸間距離は「駆動側歯車の基準円半径」+「従動側歯車の基準円半径」になります（図2.14）。

また「歯先円直径」は歯車の外径を表し、「歯底円直径」は歯の凹部の直径を意味します。なお「基準円直径」は歯車の実物に印がついているわけではないので見てもわかりません。

基準円直径を限りなく無限大にすると、基準円は直線に近似します。このように歯車が直線状になったものがラックです。

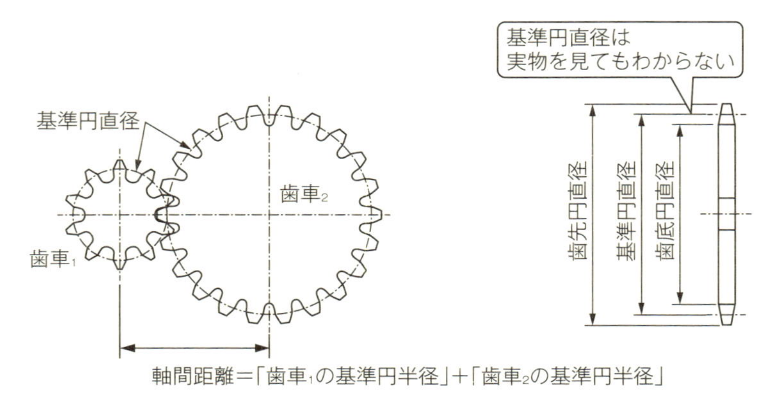

図2.14　歯車の大きさと軸間距離

歯の大きさを表すモジュール

歯車の歯は、回転をなめらかに伝えるためにインボリュート曲線といわれる形状になっています。この曲線は円板に巻き付けた糸を、ゆるまないようにほどいていくときに、糸の先端が描く軌跡です。

また速度やトルクを変える場合には、組み合わせる歯車の直径を変えます。ただし直径が違っても歯自体は同じ大きさでなければ、うまくかみ合いません。この歯の大きさを表すのが「モジュール」で、単位はミリメートル（mm）です（図2.15）。モジュールの値が大きいほど歯は大きくなります。

モジュール＝基準円直径上の間隔（ピッチ）/π

＝基準円直径/歯数

主なモジュールは、0.5/0.8/1.0/1.5/2.0/2.5/3.0mmです。たとえばモジュール2.0の基準円直径上の間隔（ピッチ）は、2.0×π ≒6.3mmになります。

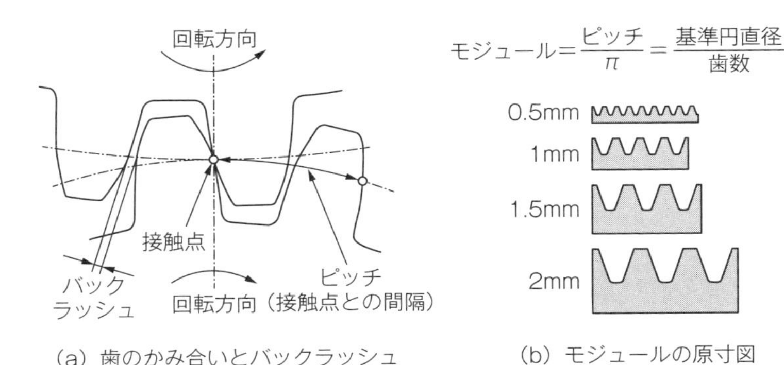

図2.15 モジュール

歯車の速度伝達比

歯車をかみ合わせた際の駆動側の回転速度$_1$と従動側の回転速度$_2$の比を速度伝達比といい、、図2.16のように歯数の比もしくは基準円直径の比になります。

$$\text{速度伝達比}=\frac{\text{回転速度}_1}{\text{回転速度}_2}=\frac{\text{歯数}_2}{\text{歯数}_1}=\frac{\text{基準円直径}_2}{\text{基準円直径}_1}$$

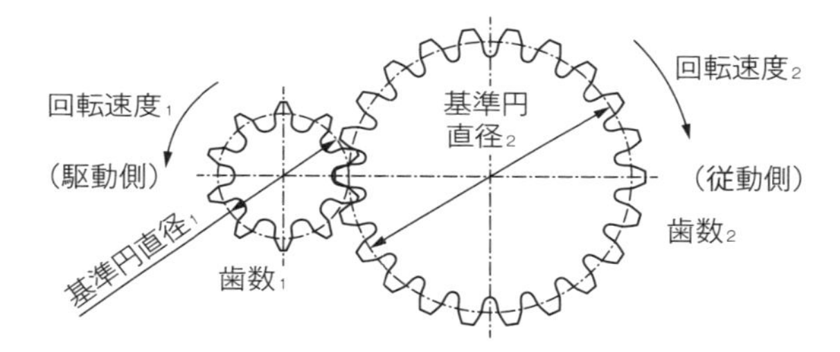

図2.16　歯車の速度伝達比

たとえば駆動側の歯数が10で従動側の歯数が20の場合、従動側の回転速度（回転数）は1/2となるかわりに、トルクは２倍になります。

バックラッシュとは

歯車同士がスムーズにかみ合うためには、すき間が必要です。このすき間のことをバックラッシュといいます（図2.15のａ図）。歯車を一定方向に回転させるときには問題ありませんが、反転させた際の１つめのかみ合いでは、バックラッシュ分の回転は空回りするために回転精度が悪化します。

とくに軸間距離のバラツキはバックラッシュに大きく影響するため、設計時には注意が必要です。

歯車の選定手順の事例

歯車を選定するうえで事前に決めておく条件は「軸間距離」「速度伝達比」「モジュール」になります。次の事例で駆動側の歯車$_1$と従動側の歯車$_2$の仕様を求めてみましょう。

事例）軸間距離60mm、速度伝達比３、モジュール1.5mmの場合の２つの歯車の仕様を求める。

速度伝達比が３より、歯数$_2$＝３×歯数$_1$

軸間距離が60mmより、（基準円直径$_1$＋基準円直径$_2$）/2＝60

基準円直径＝モジュール×歯数なので、

（モジュール×（歯数$_1$＋歯数$_2$））/2＝60

（1.5×（歯数$_1$＋３×歯数$_1$））/2＝60

これより歯数$_1$＝20、歯数$_2$＝60

歯数$_1$の基準円直径は1.5×20＝30

歯数$_2$の基準円直径は1.5×60＝90

解）駆動側歯車の基準円直径は30mm、歯数は20

従動側歯車の基準円直径は90mm、歯数は60

ここで、歯の大きさを表すモジュールをどのように設定するかがポイントになります。モジュールの値は歯の強度計算から求めますが、これは歯車メーカーのホームページにある自動計算システムを利用するのが便利です。

しかし、実務では毎回この手順を踏んでいるわけではありません。強度計算は省いて、これまでの経験値に基づいて決めることも多くあります。感覚的に把握しやすいように、図2.15のｂ図に主なモジュールの原寸図を示します。

ベルト

ベルト伝達の特徴

ベルトを用いた伝達には、以下の特徴があります。

①「ベルト」とベルトを受ける「プーリ」で構成
②２軸の軸間距離が長い場合に有効な手段
③歯車に比べて、軸間距離の精度が低くてもガタなく伝達が可能
④材質がゴムなので、騒音が少ない
⑤潤滑剤が不要で、メンテナンスがしやすい
⑥予期しない大きな力が加わった際には、すべることで破損を防ぐ
⑦材質がゴムなので、耐久性はチェーンには劣る

ベルトの種類

主な種類には凹凸のかみ合いで伝達する「タイミングベルト」と、摩擦により伝達する「Vベルト」や「平ベルト」があります（図2.17）。

タイミングベルトは歯付きベルトともいい、ベルトとプーリの歯のかみ合いにより力を伝えるので、すべりがなく伝達効率がよいことが特徴です。そのため、プリンタなどの一般事務機器をはじめ広く使われています。

Vベルトはプーリとの摩擦力を使ったもので、断面がV字形状なので、四角形状の平ベルトよりも強い摩擦力を発揮してすべりが少ないことが特徴です。一方、一定以上の大きな力が加わると、ベルトとプーリがすべることにより破損を防ぎます。クルマのエンジンルームをのぞくと、タイミングベルトやVベルトが使われていることがわかります。

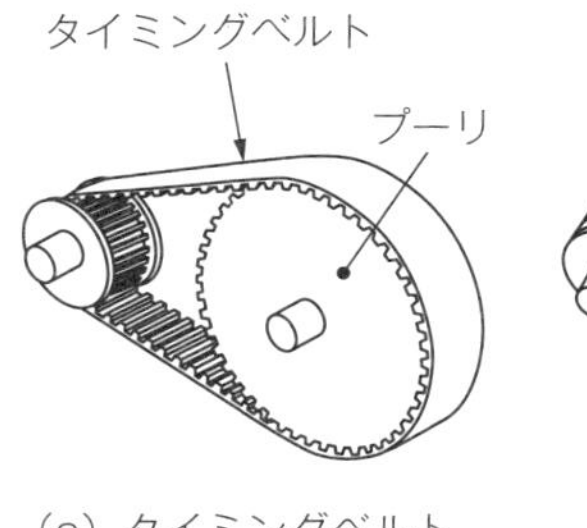

(a) タイミングベルト

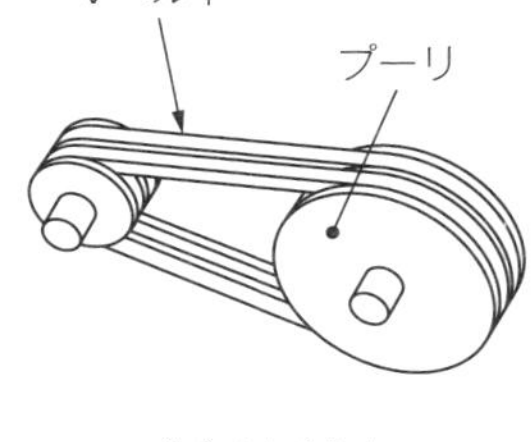

(b) Vベルト

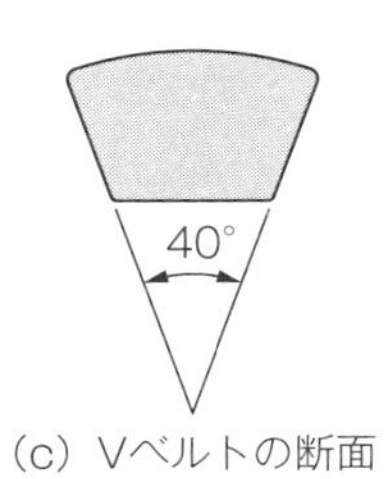

(c) Vベルトの断面

図2.17　ベルトの種類

ベルトの張力調整

ベルトには適度な張力（テンションともいう）が必要です。張力が弱いとすべりや振動が発生し、逆に張力が大きすぎるとプーリの軸受の摩耗が大きくなります。

この張力の調整は、プーリの軸間距離を調整するか、たるみ側にテンションプーリ（テンショナともいう）を設置します。

$$\text{回転比} = \frac{\text{回転速度}_1}{\text{回転速度}_2} = \frac{\text{プーリ直径}_2}{\text{プーリ直径}_1}$$

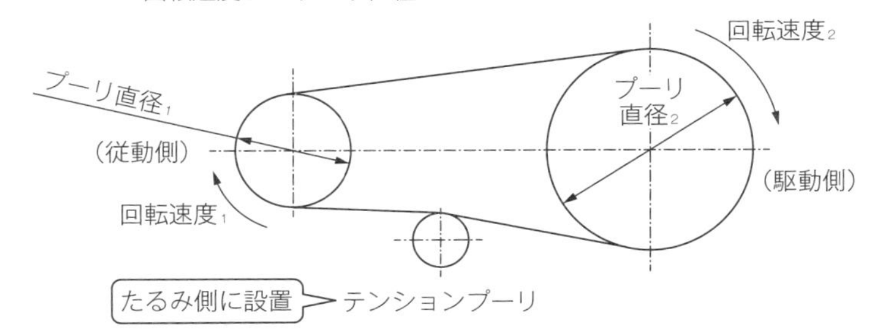

図2.18　ベルトの回転比

チェーン

チェーン伝達の特徴

チェーンを用いた伝達には以下の特徴があります。

①「ローラチェーン」とチェーンを受ける「スプロケット」で構成

②すべりのない構造で伝達効率がよい

③２軸の軸間距離が長い場合に有効な手段

④強い張力は必要なく、スプロケットの軸受の摩耗が少ない

⑤金属製なので、耐久性に優れる

⑥時間経過と共に伸びが生じるため、張力の調整が必要

⑦精密な回転精度が必要な伝達には適さない

ローラチェーンの構造

もっともイメージしやすいのは、自転車のチェーンです。ローラチェーンは、ローラ、ブッシュ、ピン、内プレート、外プレートの５つの部品で構成されています（図2.19）。回転自由なローラがスプロケットの歯に収まることで力を伝えます。

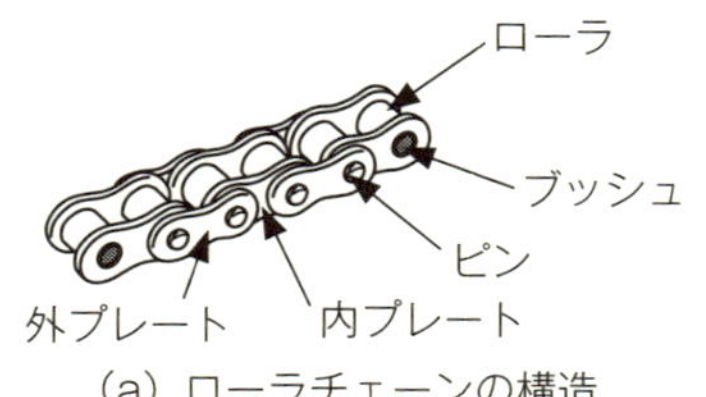

(a) ローラチェーンの構造

(b) スプロケット

図2.19　チェーンの構造

ローラチェーンの張力調整

ローラチェーンは力を伝える張り側を上に、たるみ側を下にするのが一般的です。たるみ側を上にするとローラチェーンがスプロケットからはずれにくいことと、ローラチェーンが長くスプロケットの直径が小さな場合には、上側のたるんだローラチェーンと下側の張ったローラチェーンが接触するリスクがあるからです。

またテンションプーリ（テンショナともいう）を付ける場合には、ベルトの場合と同様にたるみ側に設置します。

自転車の変速機構

変速機構がついた自転車は、上り坂でもラクにこぐことができます。図2.20は15段変速仕様のスプロケット前輪３枚×後輪５枚の例です。

もっとも重く感じるのは、駆動側の前輪スプロケットが最大径で、後輪スプロケットが最小径の組合わせです。その反面、１回転で長い距離を進むことができ、スピードも出ます。もっとも軽いのは逆の組合わせで、軽くこげる変わりに、進む距離は短くスピードも出ません。

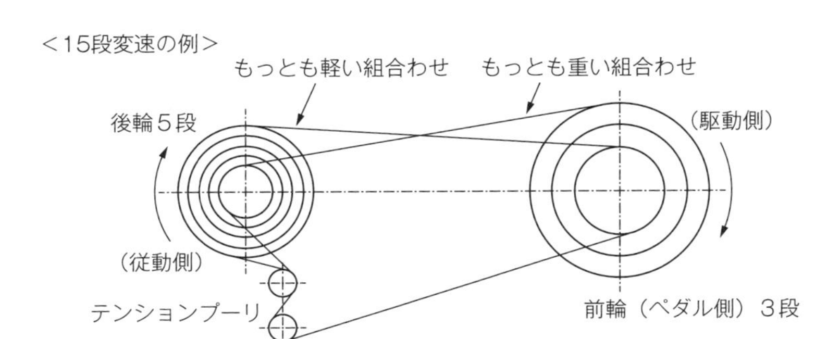

図2.20　自転車の変速機構とテンションプーリ

ボールねじ

ボールねじの構造と特徴

ねじの機能を利用した「ボールねじ」は、モータの回転を往復直線運動に変換し、高精度の位置決めに適します。おねじ形状の「軸」とめねじ形状の「ナット」、運動を伝える「鋼球（ボール）」の３点で構成されています（図2.21）。おねじの軸を回転させて、めねじのナットを往復直線運動させます。軸とナットの間をころがる鋼球はナット内で循環式になっています。

鋼球のころがり運動により摩擦が非常に小さく動きがスムーズで、精密位置決めが必要な工作機械や産業用ロボットに多用されています（図2.22）。軸の両端を軸受で受けて、軸の片方を第３章で紹介するカップリングを介してモータとつなぎます。

選定のポイントはリード

リードはおねじ形状の軸を１回転させたときに、めねじ形状のナットが移動する量を表します。たとえばリード２のボールねじは、１回転で２mm移動する仕様です。リードが小さいほど高精度に位置決めができる一方、移動には時間を必要とします。逆にリードが大きいと高速に移動できる反面、位置決め精度は下がります。

市販のボールねじのリードは、1/2/4/5/6/8/10/12/16/20mmや、最大では100mmといった仕様もあります。

なお、ボールねじの両端は軸受で受けるために、高精度な軸径になっています。

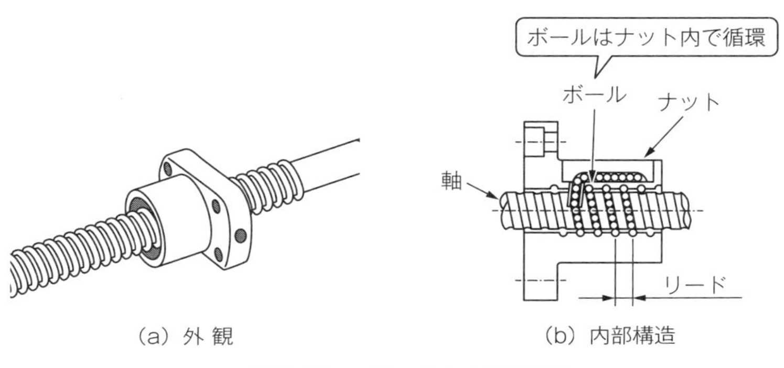

図2.21　ボールねじの構造

＜動作順序＞

1．カップリングを介して直結されたモータが回転
2．おねじの軸が回転して、めねじのナットが移動
3．ナットに固定されたテーブルが往復直線運動

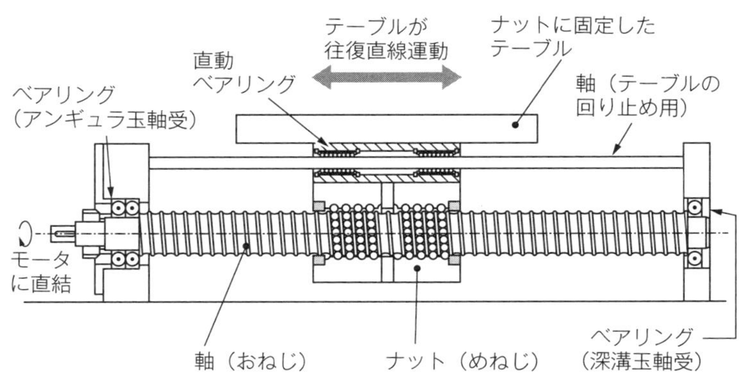

図2.22　ボールねじの使用例

COLUMN

設計審査DRのコツ

第1章で紹介した設計審査DRの進め方にはコツがあります。設計者は仕様を満たすことを最優先に設計を進めます。一方、加工や組立て、調整などの製造面はどうしても手薄になってしまいがちです。そこをそれぞれの専門家にアドバイスしてもらうことがDRの狙いです。このときに、指摘だけではなく「対応策を提示してもらう」ことがポイントです。

指摘だけでは設計者は路頭に迷ってしまいます。たとえばある部品について「加工しにくい」とだけ指摘されても、設計者はどのように変更すれば加工しやすくなるのかわかりません。これを加工のプロに具体的にアドバイスしてもらうことが大切です。

そのためにはDRの司会者がこの認識を強く持って、専門家から「指摘」だけではなく「具体的なアドバイス」も必ずペアで引き出すことが、DR成功のカギになります。

また、DRの設計審査という名称には合否判定のような堅いニュアンスを感じるので、審査ではなく「全社で力を合わせて、よいモノをつくっていこう！」という主旨で、たとえば「構想検討会」というように柔らかい名称にして、メンバーが意見を出しやすくするのもひとつの方法です。

第 3 章

締結部品

ねじ

ねじの用途

身の周りの製品に多く使用されているねじは、回転させることで締めたりゆるめたりします。ねじでもっとも汎用的な用途は締結です。２つのモノを接合するには、溶接や接着、リベットなど多くの方法がありますが、これらの方法はいったん接合してしまうと破壊しなければ、はずすことができません。それに対して唯一脱着できるのはねじだけです。これが広く使われる理由のひとつです。

２つめの用途は動力の伝達用です。第２章で解説したボールねじは、ねじを動力の伝達に使っています。

そして３つめの用途は変位の拡大です。たとえば、微小な変位をねじによって拡大して測定するマイクロメータがその活用例です。

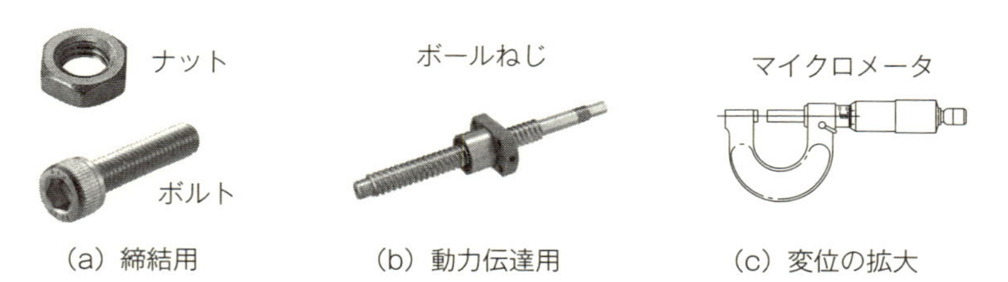

図3.1　ねじの用途

ねじの原理

三角形の紙を円筒に巻き付けたときのらせんに沿って溝をつけるとねじになります（図3.2）。このねじを「おねじ」といい、逆に穴の内側にらせん溝をつけたねじが「めねじ」です。

らせんの巻き方向の違いによって、「右ねじ」と「左ねじ」に分かれます。一般に使われているのは右ねじで、時計が進む方向に回転させると締まります。

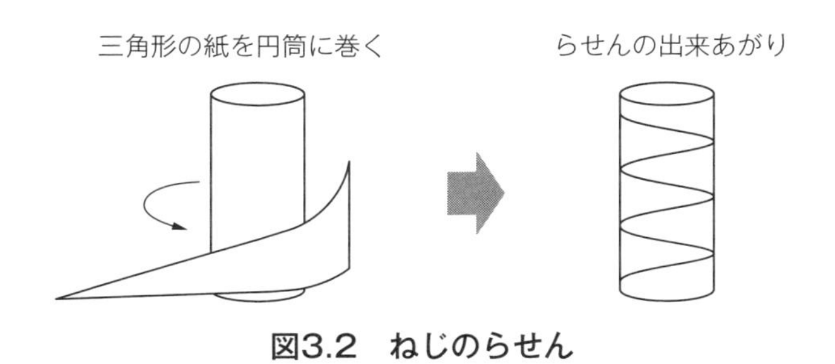

図3.2　ねじのらせん

ねじ山の形状による分類

らせんに沿ってつけた溝によりできた山をねじ山といい、形状には三角形と四角形があります。三角形状には汎用的に用いる「一般用メートルねじ（以下、メートルねじ）」と、流体を流す管の接続に使用する「菅用ねじ」があります。四角形状のねじには「角ねじ」「台形ねじ」があり、大きな力を受ける工作機械などに使用されています。

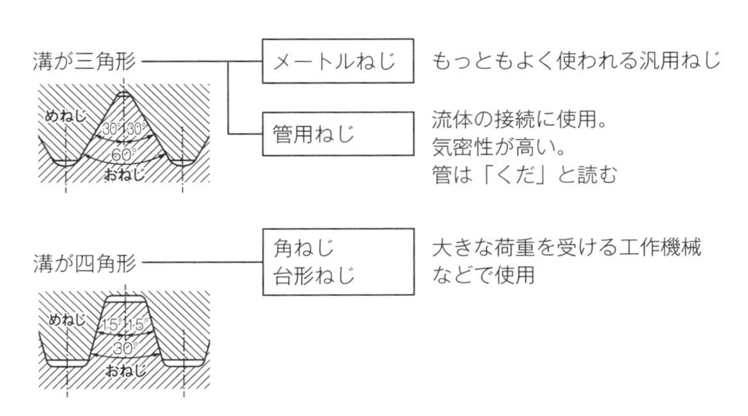

図3.3　ねじ山の形状による分類

メートルねじ

メートルねじとは

メートルねじはねじ山が三角形で、ねじ山の角度は60°です。メートルの名称がついていますが、サイズはミリメートルで表します。

おねじでねじ山がもっとも高い箇所の直径が「外径」で、もっとも低い箇所の直径を「谷の径」といいます。一方、めねじは、ねじ山のもっとも深い箇所の直径を「谷の径」、ねじ山のもっとも浅い箇所の直径が「内径」です。すなわち、おねじの外径とめねじの谷の径は一致し、おねじの谷の径とめねじの内径は一致します。

ねじの大きさを「ねじの呼び」といい、「ねじの呼び径」はおねじでは「外径」を、めねじでは「谷の径」を表します。実務では、ねじの呼び径を略して「ねじ径」と呼んでいるので、以下「ねじ径」で記載します。

ピッチとは、ねじ山の間隔をいいます。山と山との間隔、もしくは谷と谷との間隔です。しかし違う見方で、ピッチとは「ねじを1回転させたときに進む長さ」と理解するほうが便利です。

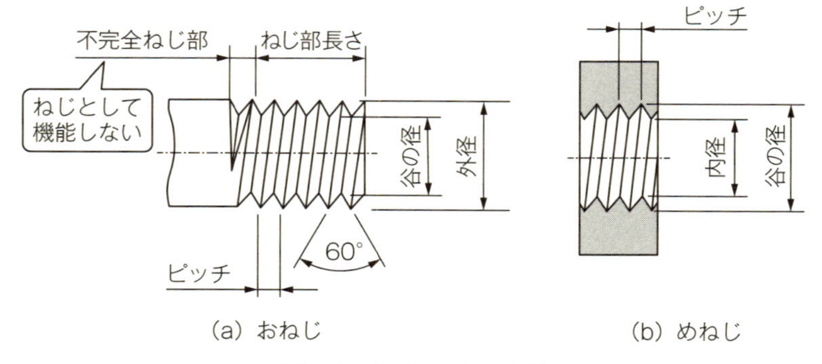

図3.4　ねじ各部の名称

ピッチが異なる並目ねじと細目ねじ

同じねじ径でも、ピッチの大きな「並目ねじ」と小さな「細目ねじ」があります。たとえばM５の並目ねじのピッチは0.8mmに対して、細目ねじでは0.5mmです。ねじ山の角度は並目ねじも細目ねじも同じ60°なので、細目ねじは並目ねじよりも山の高さは低くなります。

通常は「並目ねじ」を使いますが、以下のような特徴を活かせる場合に「細目ねじ」を使用します。

細目ねじは並目ねじと比べると、

①薄肉に適する（山の数が多くなるため）

②ゆるみにくい（らせんの傾斜角が小さくなるため）

③破断しにくい（谷の径が大きくなるため）

④微調整が可能（１回転させたときに進む長さが少ないため）

なお、並目ねじのピッチは、ねじ径に対して１つに決まっていますが、細目ねじのピッチはM８以上には複数あるので、この中から適したものを選びます。

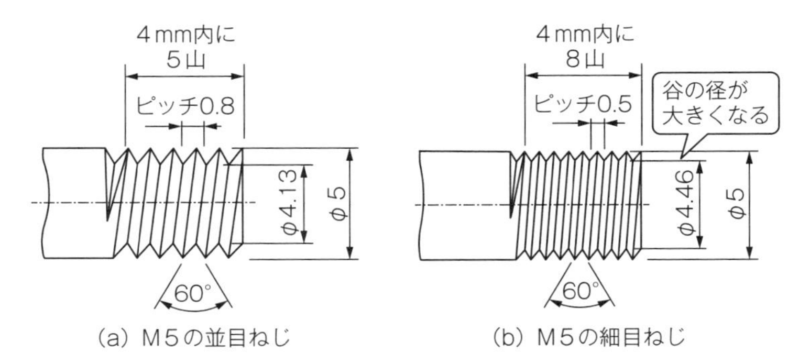

図3.5　M５の並目ねじと細目ねじの例

メートルねじの表示

並目ねじの表示は、頭に「M」をつけて「M（ねじ径）」で表します。おねじの外径が4mmであれば「M４」、それに合うめねじも同じく「M４」です。細目ねじの表示は、「M（ねじ径）×（ピッチ）」で表します。たとえばM８の細目ねじのピッチには「１」と「0.75」があるので、「１」を選ぶ場合には「M８×１」と表示します。

簡単にいえば、ピッチの表示がなければ並目ねじで、表示されていれば細目ねじになります。

ねじの呼び	ピッチ		おねじ「外径」めねじ「谷の径」	おねじ「谷の径」めねじ「内径」	
	並目ねじ	細目ねじ		並目ねじ	細目ねじ
M３	0.5	0.35	3.000	2.459	2.621
M４	0.7	0.5	4.000	3.242	3.459
M５	0.8	0.5	5.000	4.134	4.459
M６	1	0.75	6.000	4.917	5.188
M８	1.25	1（0.75）	7.000	6.647	6.917（ピッチ１）
M10	1.5	1.25　1（0.75）	8.000	8.376	8.917（ピッチ１）

記）単位mm、M10以降は省略。細目ねじはできるだけ（　）以外のピッチを選択する

図3.6　主なねじのサイズ

不完全ねじ部

ねじは全長にわたって加工する場合と途中まで加工する場合があります。途中までの場合は、その境界はねじ山が徐々に浅くなり、らせん溝が入っているものの、ねじとしては機能しません。この機能しない部分を「不完全ねじ部」といいます。図面に記載される「ねじ部長さ」はこの不完全ねじ部は含まず、ねじとして機能する長さだけを表します（図3.4）。

ねじとボルトの種類

ねじとボルトの分類

大分類として「小ねじ」「ボルト」「工具不要」「特殊ねじ」に分かれます。家庭にもあるドライバーを使うねじが「小ねじ」です。

「ボルト」は締付け力をしっかり得たい箇所に用います。「工具不要」は手で締め付けることができるねじで、「特殊ねじ」には締付けと同時にめねじ加工するねじなどがあります。

分類	名称	外観	特徴	工具
小ねじ	なべ小ねじ		丸みのあるねじ頭で、小さな部品の固定に使用	プラスドライバー、マイナスドライバー
	皿小ねじ		ねじ頭の上面が平面で、ねじ込んだあとに頭が出ない	
	トラス小ねじ		なべ小ねじよりもねじ頭の径が大きく、高さが低い	
ボルト	六角穴付きボルト		ねじ頭に六角形の穴があいており、六角レンチで締める	六角レンチ、トルクレンチ
	六角ボルト		頭部の外形が六角形で、スパナで締める	スパナ、トルクレンチ
工具不要	ローレットねじ		手のすべり止めのために、頭の外面に細かい溝が入っている	工具不要
	蝶ボルト		翼の突起形状を持って締める	
特殊ねじ	止めねじ		ねじ頭がなく、ねじ端面に六角形の穴	六角レンチ
	タッピングねじ		締めながら同時にめねじを加工する	ドライバー

図3.7　ねじの種類

小ねじの特徴

ねじ頭が丸い「なべ小ねじ」は、大きな締付け力を必要としない小物部品の固定に使います。「皿小ねじ」はねじ頭が円すい形をしており、締め付けたあとにねじ頭を埋め込むことを狙ったねじです。ただし、ねじ穴ときり穴の中心が合っていないと、頭が穴の傾斜に乗り上げて、飛び出してしまうので注意が必要です。「トラス小ねじ」はねじ頭が低いことと、外径が大きく接地面積の広いことが特徴です。見た目もよいので、カバーの止めねじなどに使われます。

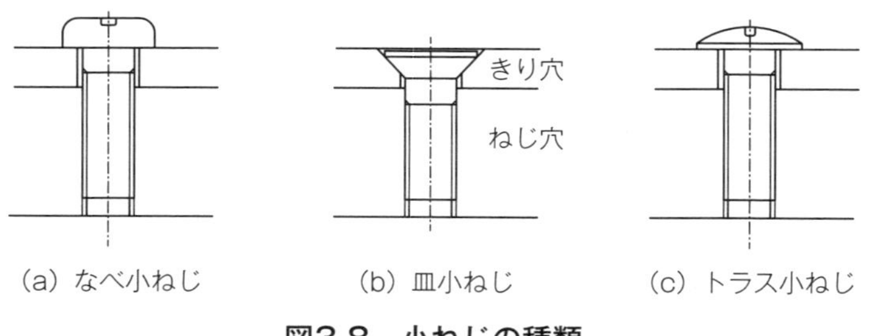

図3.8　小ねじの種類

ボルトの特徴

大きな力がかかる固定には「六角穴付きボルト」や「六角ボルト」を使います。六角穴付きボルトの頭は円柱形状で、その中心に六角形の穴があいており、この穴にL形の六角レンチを差し込んで回転させるので、強く締め付けることができます。ねじの材質はクロモリ鋼やステンレス鋼なので、強度が大きいという特徴があります。その反面、ねじ頭が大きいのが弱点です。ねじ頭の高さはねじ径と同じで、たとえばM８のねじ頭の高さは８mmになります。このねじ頭がジャマであれば、深座ぐり加工を行うことで、ねじの頭を埋め込みます。

六角穴付きボルトに比べて頭の高さが低いのが六角ボルトです。ねじ頭の外形が六角形になっており、工具にはスパナを用います。

締付けトルクを管理するときには、設定したトルクを超えるとカチッと音がして、それ以上は力がかからないトルクレンチを用います。

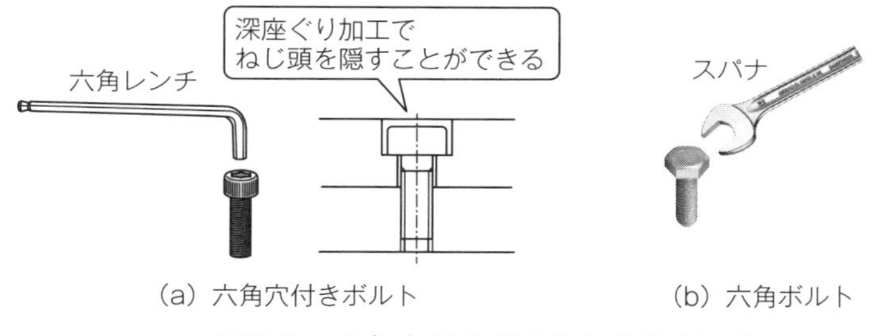

図3.9 六角穴付きボルトと六角ボルト

六角穴付きボルトがよく使われる理由

六角穴付きボルトが、六角ボルトに対して優位な点は、

①六角ボルトは工具のスパナが座ぐり穴に入らないので、ねじ頭を埋め込むことができないが、六角穴付きボルトは埋め込み可能

②スパナは六角の２面だけを使って締め付けるが、六角穴付きボルトは６面を使うので、締付けが安定する

③六角レンチはサイズがコンパクトなので、複数のねじが接近している場合や、狭い箇所の締付けに適している。一方、スパナはサイズが大きいので、ねじの間隔がある程度ないと隣に干渉する

④上向きにねじ締めする場合、先に六角レンチを六角穴に差し込んだ状態でボルト穴に入れられるので作業性が良い

一方、六角ボルトの利点は、他のねじがねじ頭の真上から工具を差し込むのに対して、六角ボルトを締めるスパナは唯一ねじの横方向から差し込むことができる点です。

工具が不要なねじ

ひんぱんに部品を交換する多品種対応では、短時間で段取り作業をすることが求められます。このとき大きな力が加わらないならば、工具を使わず手で回せる「ローレットねじ」や「蝶ボルト」が便利です。

こうした工具が不要なねじは、各メーカからさまざまなタイプが市販されています。

特殊ねじの特徴

「止めねじ」は、ねじ頭がなく、ねじの端面に直接六角穴を設けたもので「いもねじ」ともいいます（図3.10の a 図）。ねじ頭がないので他部品との干渉を防ぐことができ、狭い箇所での使用に有効です。一方、六角穴が小さくなり使用する六角レンチも細くなるので、強い締付け力は期待できません。

「タッピングねじ」は、おねじを締めながらその先端でめねじを同時に加工するものです（図 b 図）。めねじを事前に加工する必要がないことが特徴です。ただし薄い鋼板（軟鋼材で最大 5 mmが目安）やアルミニウム材料、プラスチック材料に限られます。「タッピンねじ」ともいいます。

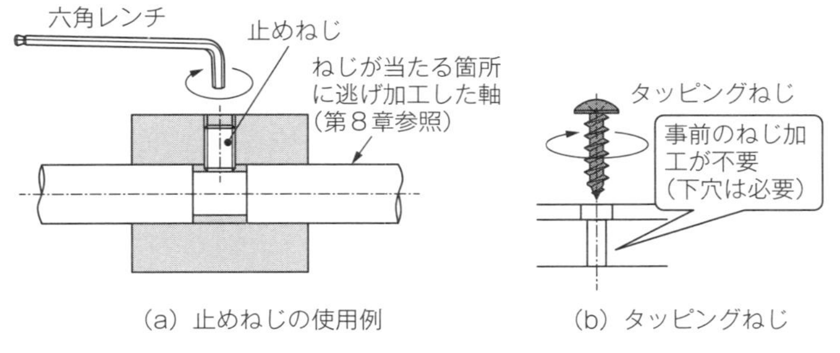

図3.10　止めねじとタッピングねじ

ねじサイズの選び方

ねじ径の選び方

ねじ径は、加わる力に対してねじが破壊されない限界値に安全率を考慮して決まります。力のかかる方向により限界値は異なり、衝撃の有無など力のかかり方で安全率も異なってきます。

すなわちねじ径はこれらの条件を踏まえた検討が必要になりますが、実務ではこれまでの経験値で決めているのが一般的です。必要な場合のみ計算により検証します。参考までに、ねじ径ごとの引張り方向とせん断方向に許される最大の力の大きさの一例を図3.11に示します。

ねじ径	おねじの有効断面積 (mm^2)	引張り荷重 (kgf)	せん断荷重 (kgf)
M 3	5.03	123	98
M 4	8.78	215	172
M 5	14.2	348	278
M 6	20.1	492	393
M 8	36.6	896	717
M10	58.0	1420	1136

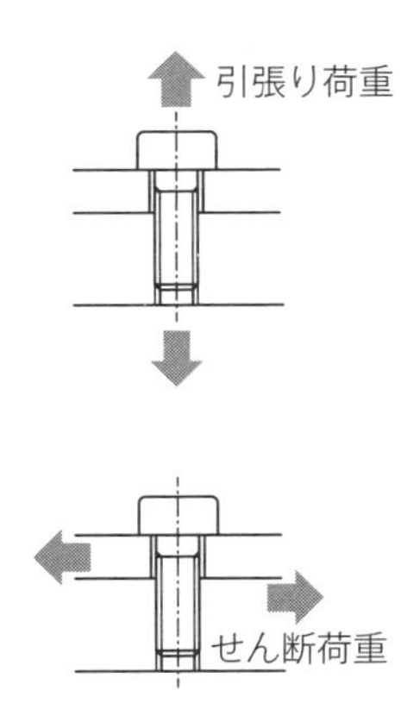

荷重の前提条件
- 引張り荷重＝おねじの有効断面積×引張り強さ／安全率
- せん断荷重＝おねじの有効断面積×せん断応力／安全率
- 安全率は「5」（片振り繰返し荷重）
- ボルトの強度区分は「12.9」（引張り強さ 1200N/mm^2、降伏点は引張り強さの 0.9 倍）
- せん断応力は引張り強さの「80%」
- 1kgf ≒ 9.8N

図3.11　ねじが許容できる力の大きさの例

ねじ込み深さの決め方

ねじのねじ込み深さは、短すぎると締結力が弱くなり、ねじ山が破損するリスクも生じます。また、長すぎてもめねじ加工にムダが生じるうえ、ねじ込む際にも必要以上に回転させるムダが生じます。そこでねじ込み深さの目安を示します（図3.12と図3.13）。

（1）めねじが鉄鋼材料の場合

「ねじ込み深さ＝ねじ径と同寸法」が基本で、振動や衝撃が加わる場合には「ねじ径×1.5倍」が目安です。またカバーなど力が加わらない場合には「４ピッチの長さ」で大丈夫です。

（2）めねじが鋳鉄やアルミニウム材料の場合

「ねじ込み深さ＝ねじ径×1.8倍」が目安です。なお部材が薄く、このねじ込み長さが確保できない場合や、プラスチックにねじ加工する場合には、後述するインサートねじを使用します。

めねじの材質		ねじ込み深さの目安	例）Ｍ６の場合のねじ込み深さ（ねじピッチ１mm）
鉄鋼材料（鋳鉄を除く）			
	一般的	ねじ径と同寸法	6mm
	振動・衝撃・重荷重	ねじ径× 1.5 倍	9mm
	軽荷重（カバーなど）	４ピッチの長さ	4mm
鋳鉄・アルミニウム		ねじ径× 1.8 倍	11mm

図3.12　ねじ込み深さの目安

めねじのねじ深さと下穴深さ

めねじ加工では、ドリルで下穴をあけた後にタップでねじ加工を行います。このねじ深さは「ねじ込み深さ」+「２ピッチ以上」が目安です。またタップ加工でのタップ先端の食いつき部を考慮して、下穴はねじ深さよりも５ピッチほど深く加工します。

ねじサイズの検討手順

以上から、ねじに関する寸法の検討手順は以下のとおりです。

①経験値で「ねじ径」を決める（毎回計算で求めない）

②図3.12から、必要な「ねじ込み深さ」を仮に決める

③ねじ込み深さに固定する部材の厚みを足して「ねじ長さ」を計算し、この計算値に近い長さをねじの市販品寸法からプラス目で選択する

④決定したねじ長さから固定部材の厚みを引いて「ねじ込み深さ」を決定する

⑤ねじ込み深さに２ピッチ以上足して「ねじ深さ」を決定する

⑥ねじ深さに５ピッチほど足して下穴深さが決まるが、この下穴深さは図面に指示する必要はなく、加工者に一任する

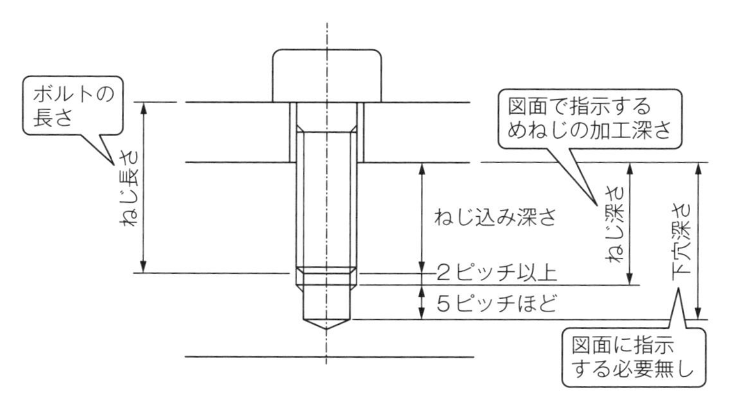

図3.13　ねじ加工の寸法関係

ねじの関連部品

めねじの六角ナット

ねじを使って締結するには、対象物にめねじを加工する方法と、市販の六角ナットを用いる方法があります。ナットを使えばめねじ加工をする必要がなく、万一ねじがいたんでも、ナットを交換すればよいという利点があります。一方、ねじを締める際にねじとナットの両方を同時に把持しなければならないので作業性が悪く、ナットが他の部品に干渉するといった欠点があります。そのため機械部品では、前者のめねじを加工する方法が一般的です。

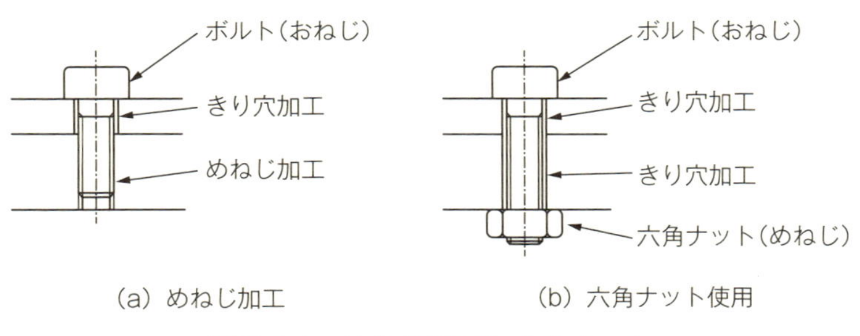

図3.14　めねじ加工と六角ナット

めねじの強度をあげるインサートねじ

アルミニウムやプラスチックなどの軟らかい材料にＭ３などの小さなねじを何度も脱着すると、簡単にねじ山がつぶれてしまいます。そこで最低でもＭ４以上の大きさが好ましいのですが、やむなく小さなねじ径の必要がある場合には「インサートねじ」を用います。ステンレス鋼などの硬い材料でつくられたインサートねじは、断面がひし形のコイル状になっており、内側が通常のめねじになっています。

これを専用工具で材料に埋め込みます。インサートねじのもう1つの用途は、何らかの理由でねじ山がつぶれた場合に、このインサートねじを埋め込むことで再生が可能なことです。

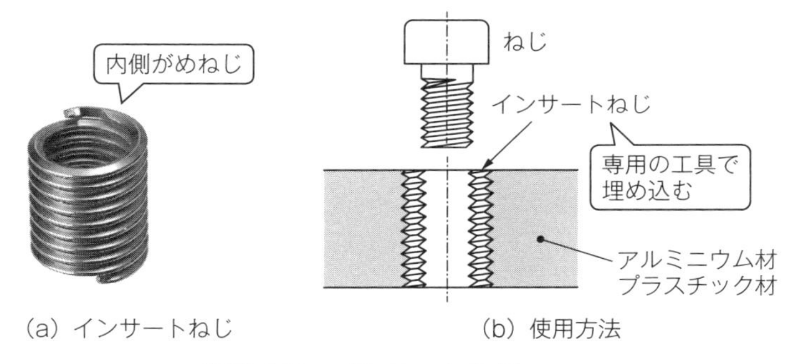

図3.15 インサートねじ

平座金の狙い

座金とは、ねじと締結物との間にはさみ込む部品のことです。平座金の外径はねじ頭の外径よりも大きく、固定する対象物がアルミニウムやプラスチックのように軟らかい材料の場合に、平座金を用いることで面圧を小さくしてねじ締めのきずを防ぐと同時に、面が陥没することによるゆるみを防ぎます。またきり穴が大きすぎた場合に、平座金をはさむことで加圧する面積を増やします。

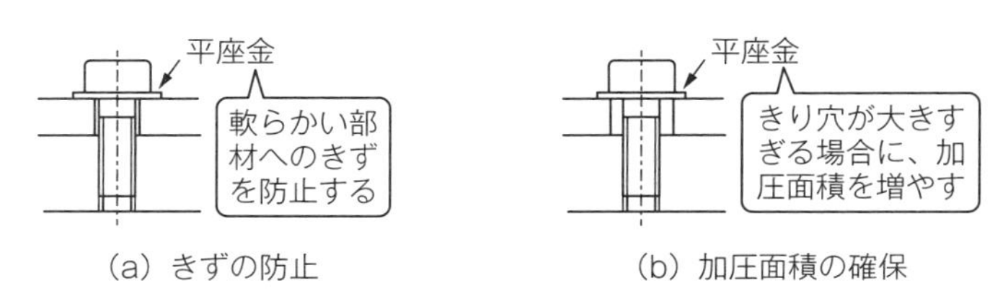

図3.16 平座金の狙い

ばね座金のゆるみ止め効果について

ばね座金はスプリングワッシャともいい、平座金の一部を切断してねじった形状をしています。ばね座金はこれまで永年ゆるみ止めに効果があると考えられてきました。しかしねじを規定のトルクで締めた場合に発生する締付け力に対して、圧縮したばね座金が元に戻ろうとする弾性力は圧倒的に小さいことや、各種の振動試験からゆるみ止めの効果は見られないとの見解が出されています。インターネットからもいろいろな情報を知ることができるので参考にしてください。

ねじのゆるみ止め対応

ねじは適正なトルクで締め付ければ、ゆるむことがないように設定されていますが、締付け面の表面粗さや振動、衝撃、温度差などによりゆるみが出るリスクがあります。

このゆるみ止めの対策は、

（1）対角に締める

まず、締め付ける際の注意点として、複数箇所を締める場合、隣から順に締めると1ヵ所に力が集中するので、対角に締めるのが定石です（図3.17のａ図）。なお1周目は仮締めで、２周目に本締めを行います。

（2）増締め

締めた後に、時間を経てから締め直すことを増締めといいます。さらに力を加えて締めるという意味ではありません。同じトルクで締めるので、ゆるみのチェックの色合いが濃い作業です。

（3）ゆるみ止め剤

次に対策品を使う方法として、ねじ部にゆるみ止め剤を塗布してからねじ締めを行う方法です。ロックタイト®など、さまざまな種類が市販されています。簡単に作業できるので、よく使われる方法です。

（4）ダブルナット

２つのナットで締める方法をダブルナットといいます。この際には、締める順番と締める回転方向が大切です（図３.17のｂ図）。

手順１）止めナットAを締める

手順２）止めナットBを締める

手順３）止めナットBを固定したまま、止めナットAを逆回転させて止めナットAとBが互いに押し合う状態にする

（5）ゆるみ止めナット

各メーカから、さまざまに工夫されたゆるみ止めナットが市販されています。

（6）細目ねじ

並目ねじに対して細目ねじはピッチが小さいために、らせんの傾斜角も小さくなることで、ゆるみにくくなります。

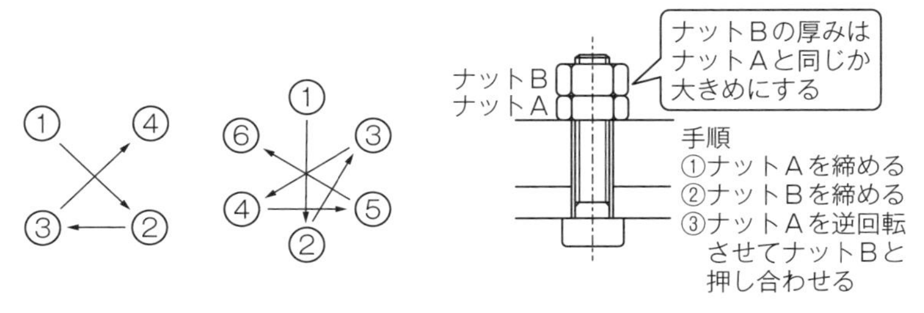

図3.17　ねじのゆるみ止め例

締結の要素部品

位置を決める平行ピンとテーパピン

ピンは対象物の位置決めに用います。円柱形状の平行ピンに対して、テーパピンはゆるい円すい形状です。あらかじめピンを立てておき、このピンに合わせて位置を決める場合には平行ピンを用います。平行ピンは「しまりばめ（圧入）」で固定し、ピンの側面に当てて位置を決める端面基準と、対象物の穴にピンをはめる穴基準があります。穴基準ではピンと対象物の穴とは「すきまばめ」にします。

しまりばめは穴に対してピンの方が太いはめあいで圧入ともいい、プラスチックハンマで軽く叩いて挿入します。すきまばめは穴よりもピンは細いのでたやすく挿入することができます。

テーパピンは位置決めした２つの部品を同時にテーパリーマでテーパ穴を加工して、この穴に差し込みます。

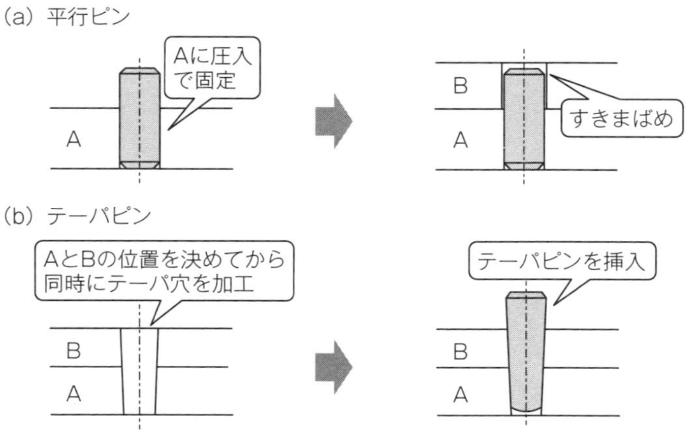

図3.18　平行ピンとテーパピンの使用例

テーパなのでピンと穴とのすき間をゼロにできるため、精度よく位置が決まり、分解した際の再現性も優れます。抜きやすくするために、テーパピンの後端面にねじ加工されたものも市販されています。

簡易的なスプリングピン

薄板を円筒状に巻いてピン形状にしたものがスプリングピンです（図3.19のａ図）。断面形状は少し開いた状態になっており、穴に挿入することでピンが閉じてばね力が発生し、穴の内壁に固定されます。大きな力が加わらず、精度も必要としない箇所に使用します。穴もリーマ加工の必要はなく、きり穴（ドリル穴）でよいことも特徴の１つです。平行ピンの簡易版という位置づけです。

脱落防止の割りピン

割りピンは、針金をU字に折り曲げた形状をしており、部品の脱落防止に用います（図3.19のｂ図）。対象物に事前に穴をあけておき、割りピンを挿入してからU字の先を左右に曲げてピンの抜けを防止します。一度使用した割りピンは折れやすいので、再利用はできません。

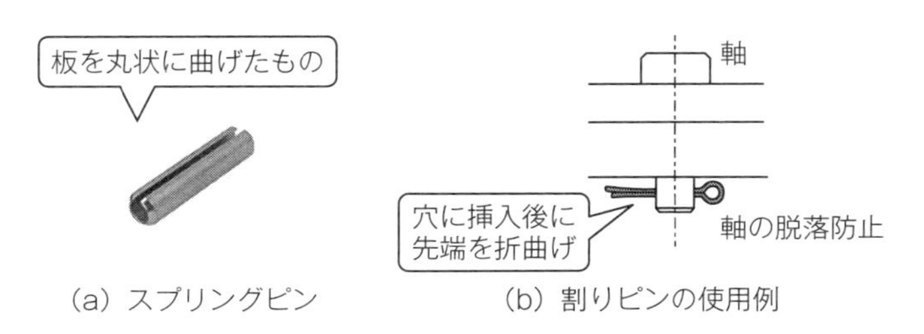

図3.19　スプリングピンと割りピン

軸との締結部品

軸と軸をつなぐ軸継手

２本の駆動軸をつなぐ場合、芯ズレを吸収するカップリングと呼ばれる軸継手を用います。軸継手は一定以内の偏心と偏角を許容してくれる機械要素部品です。とくにモータの駆動軸とつなぐ際には、モータに負荷を与えないために、軸継手を使うことは必須です。

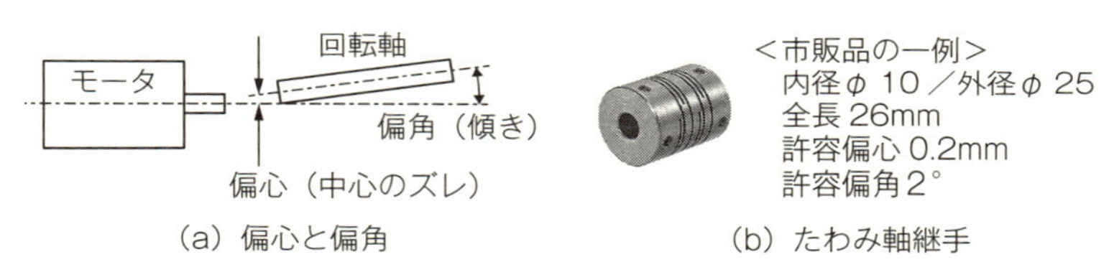

図3.20　偏心と偏角

軸継手の種類と特徴を図3.21に示します。

種類	特徴	外観
固定軸継手	２軸の位置が精度よく合っており、偏心と偏角がない場合に使用	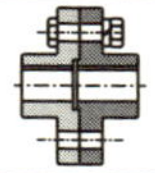
たわみ軸継手	軸継手がたわむことで、偏心と偏角を許容することが可能。よく使われている軸継手	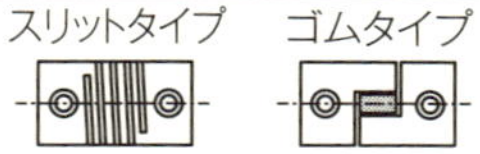 スリットタイプ　ゴムタイプ
オルダム継手	軸同士が平行に大きくズレている偏心の場合に使用	
自在継手	ユニバーサルジョイントともいい、２軸がある程度の角度で交わる場合に使用	

図3.21　軸継手の種類

回転ズレを防止するキー

軸に固定する機構部品には、歯車やベルトプーリ、チェーンを動かすスプロケット、そして軸継手があります。駆動を伝える軸には瞬間的に大きな力がかかるので、ねじの締結だけでは信頼性に劣ります。そこで回転ズレが起きないように、メカ的に拘束する部品がキーになります。

軸と固定したい部品の両方にキー溝と呼ぶ凹の溝をつけて、両方の凹を合わせて四角穴があいたところに、四角棒のキーを入れることで回転ズレを防ぎます。市販の歯車やプーリにキー溝がついているのはこうした理由です。キーとキー溝の寸法はJIS規格で決まっています。

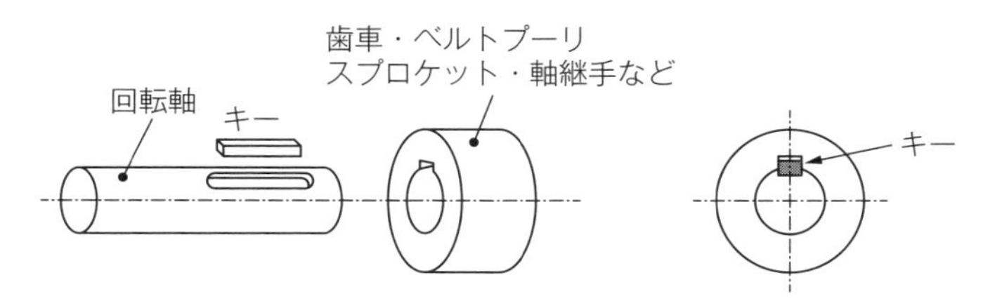

図3.22　キーの使い方

過負荷から保護するトルクミリッタ

何らかのトラブルにより軸に設計値を超える大きな力がかかった場合、駆動モータや従動側の機構の破損を防ぐため、軸の伝達を遮断する安全クラッチをトルクリミッタといいます（図3.23）。

かみ合い部の構造は、ばねを使ったもの、圧縮空気を使ったもの、磁力を使ったものがあります。またクラッチが働いたあとの復帰が自動か手動か、毎回同じポジションでかみ合わせるか否かなど、さまざまな仕様のものが市販されています。

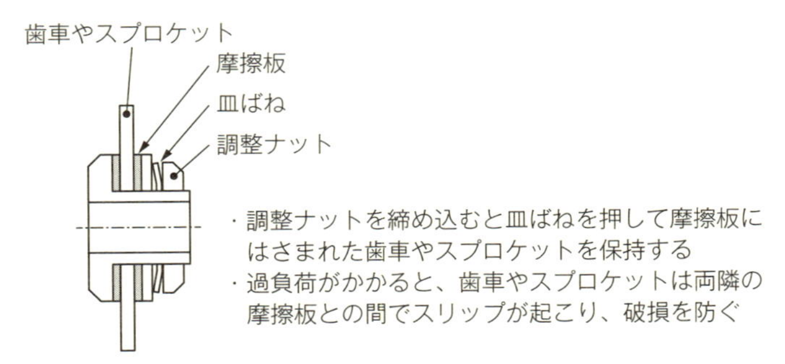

図3.23　トルクミリッタの構造

抜けを防止する止め輪

軸や穴につけられた溝に止め輪をはめることで、対象物の保持や抜け防止に使用します。薄いのでスペースをとらず、安価なことが特徴です。サイズはJIS規格で定められており、止め輪をはめる加工溝の適正寸法も決まっています。

C形止め輪には軸用と穴用があり、軸に対して平行に挿入するタイプです。E形止め輪は軸専用となり、軸の横方向から挿入が可能なタイプになります。

(a) C形止め輪・軸用

(b) C形止め輪・穴用

(c) E形止め輪

図3.24　止め輪

第4章

機械要素部品

往復直線運動の案内機構

案内機構の全体像

運動を伝える案内の方向によって、往復直線運動と回転運動に分かれます。前者の直動案内には「スライドレール」や「直動ベアリング」があり、回転案内には「ベアリング」を使用します。また直動も回転もどちらも可能な案内機構として「ブッシュ」があります。

構造の違いでは、鋼球を転がすことで摩擦が少ない「ころがり軸受」と、面で力を受ける「すべり軸受」があり、とくにすべり軸受は、大きな力や衝撃力を受ける場合に適します。

案内方向	種類	構造	相手側	外観
直動	スライドレール	ころがり軸受	セットで使用	
	直動ベアリング（リニアブッシュなど）	ころがり軸受	軸	
	回り止め直動ベアリング（ボールスプライン）	ころがり軸受	専用の軸とセットで使用	
	レール付き直動ベアリング（リニアガイドなど）	ころがり軸受	専用レールとセットで使用	
回転	ベアリング	ころがり軸受	軸	
直動・回転	ブッシュ	すべり軸受	軸	

図4.1　案内機構の全体像

スライドレール

もっともシンプルな構造で、凹形状に板金加工した部材同士を組み合わせて、この間に鋼球をはさみ込んだものです。コンパクトで安価、精度を必要としない軽量物の案内に適します。机の引出しのスライド部などに使用されており、スライドパックともいいます。

（a）外観　　（b）断面構造

図4.2　スライドレール

直動ベアリングと回り止め

直動ベアリングは往復直線運動のみで、回転方向には使用しません。動きに沿って鋼球が保持器の中で循環する構造です。摩擦が少なく、高精度な位置決めに適します。メーカによって名称が異なり、リニアブッシュ、リニアブッシング、スライドブッシュ、リニアベアリングといわれています。

回り止めの機能がついた直動ベアリングは軸に溝がついており、この溝に鋼球がはまることで回転を拘束します。専用の軸とセットで使用し、ボールスプラインやガイドボールブッシュといいます。回り止めのない直動ベアリングを回り止めにするには、並列に２個使いしなければなりませんが、この回り止め直動ベアリングを使えば１個で良いことが大きな特徴です（図4.3）。

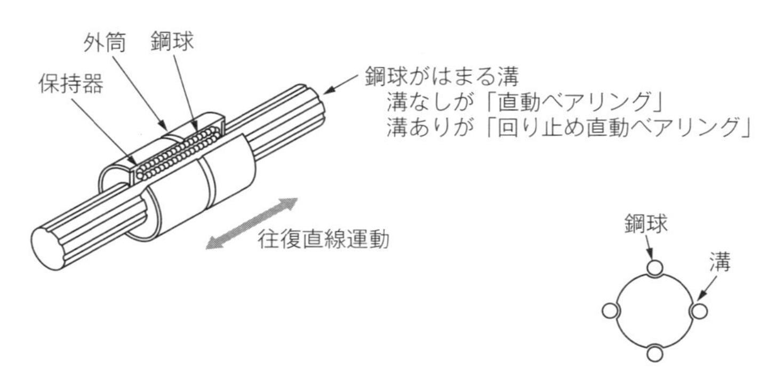

図4.3　直動ベアリング

レール付き直動ベアリング

専用レールの上をブロックが往復直線運動を案内する構造です。これも鋼球によるころがり運動のため、高速・高荷重・高精度な位置決めに適しています。LMガイドやリニアウェイ、リニアガイドといわれています。

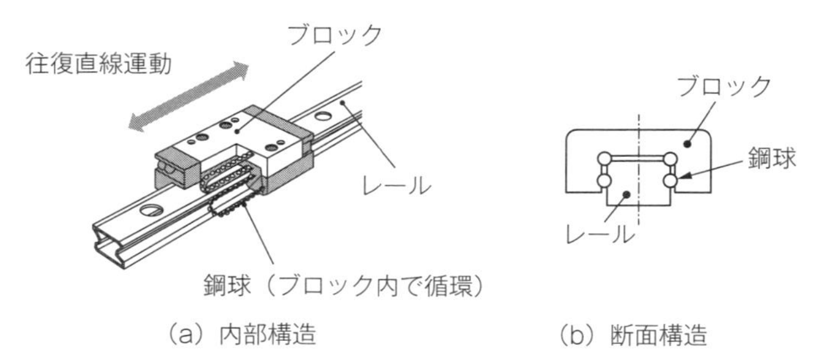

図4.4　レール付き直動ベアリング

回転運動の案内機構

ベアリング

鋼球がころがることで摩擦が少なく、安価に入手できるのがころがり軸受（ベアリング）です。構造もシンプルで、外輪・内輪・鋼球・鋼球を保持する保持器から成ります。軸に対して垂直な力（直径方向の力）を受けるラジアル軸受と、軸方向の力を受けるスラスト軸受があります。これら軸受の規格はJIS規格で決まっており「呼び番号」で表します。これらはメーカーを問わず互換性があります。

主なベアリングの種類

ベアリングの主な種類として、ラジアル方向では「深溝玉軸受」「円筒ころ軸受」「針状ころ軸受」、スラスト方向では「スラスト玉軸受」、ラジアル・スラスト両方向を受けることができる「アンギュラ玉軸受」があります（図4.5〜4.8）。

深溝玉軸受はもっとも一般的に使われている軸受で、ラジアル方向の力に加えて多少のスラスト方向の力も受けることができます。鋼球による点接触なので抵抗が小さく、低騒音で高速回転にも適しています。鋼球の代わりに円筒ころを用いたものが円筒ころ軸受です。線接触なので大きな力を受けることができます。さらに細い針（ニードル）状の円筒ころを用いたものが針状ころ軸受でニードルベアリングともいいます。ローラ数が多いので大きな力を受けることができ、外径が小さいのが特徴です。

スラスト玉軸受はスラスト方向の力を受けるときに使用します。

アンギュラ玉軸受は、鋼球に接触角を持たせることでラジアル方向、スラスト方向両方の力を受けることができます。通常は図4.8のb図のように２個の軸受を対向させて設置します。

力を受ける方向	種 類	特 徴
ラジアル	深溝玉軸受	もっとも汎用的に使用される
	円筒ころ軸受	大きな力を受けることができる
	針状ころ軸受 （ニードルベアリング）	円筒ころよりも細いニードルを使用
スラスト	スラスト玉軸受	スラスト方向の力を受ける
ラジアル ＋スラスト	アンギュラ玉軸受	ラジアル方向とスラスト方向の両方の力を受けることができる

図4.5　ベアリングの種類

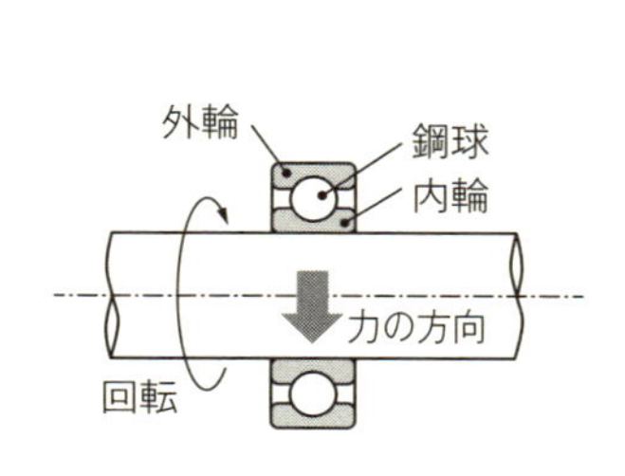

（a）ラジアル方向

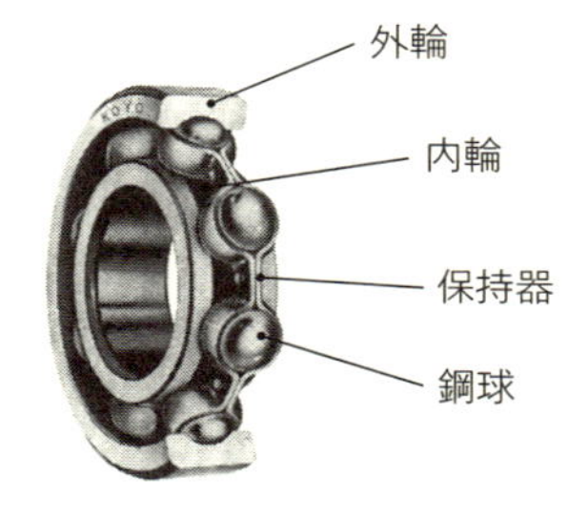

（b）深溝玉軸受

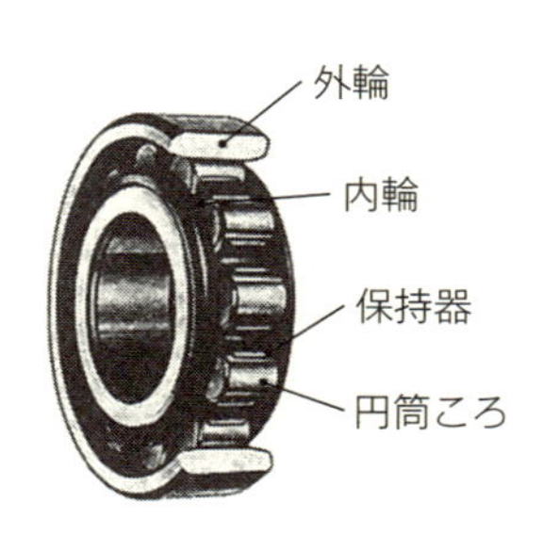

（c）円筒ころ軸受

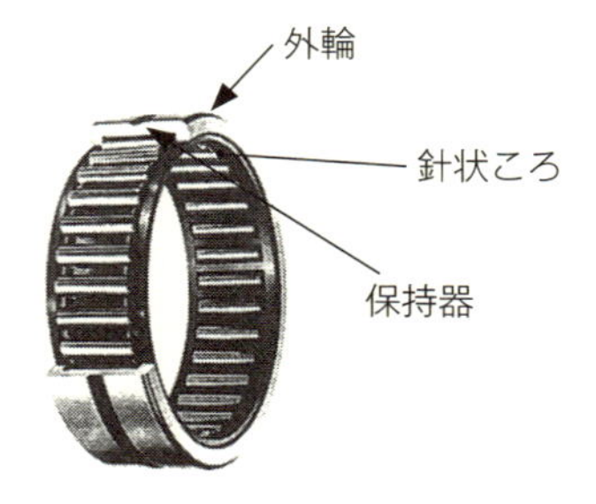

（d）針状ころ軸受
（ニードルベアリング）

図4.6　ラジアル方向の軸受

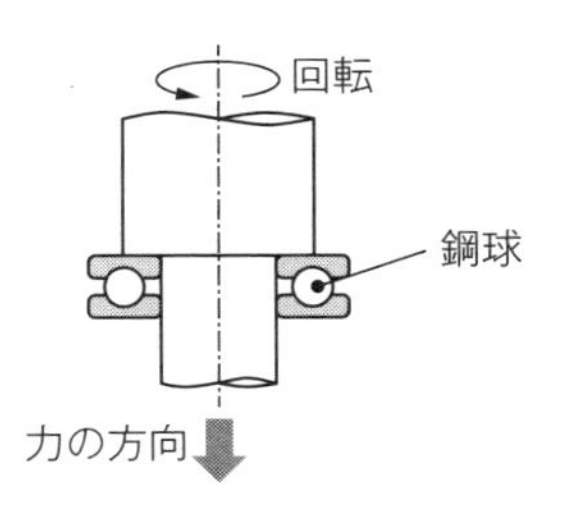

(a) スラスト方向

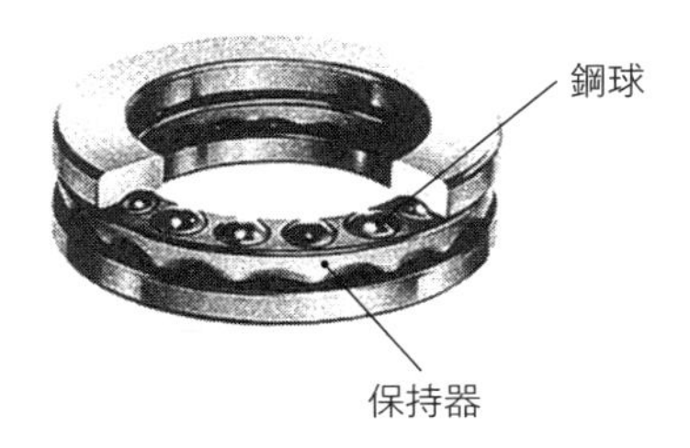

(b) スラスト玉軸受

図4.7　スラスト玉軸受

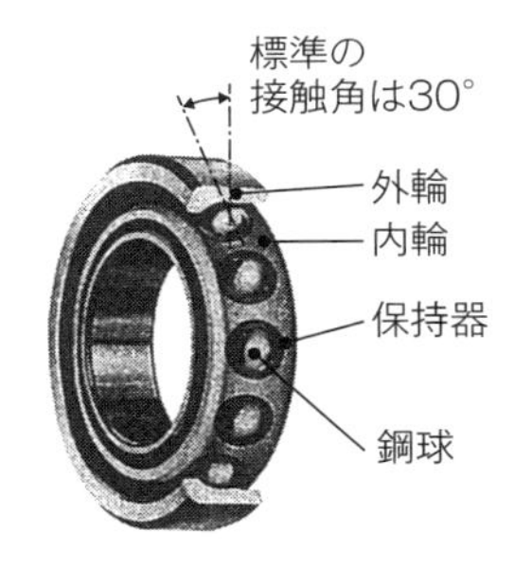

(d) アンギュラ玉軸受

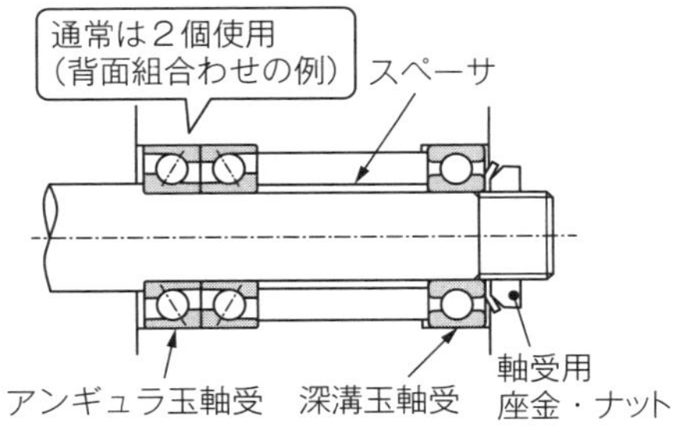

(b) アンギュラ玉軸受と深溝玉軸受の使用例

図4.8　アンギュラ玉軸受

内輪と外輪のはめあい

軸受の外輪とそれを受けるハウジング穴とのはめあいや、軸受の内輪と軸とのはめあい設計は、力のかかり方によって異なります。力の方向が一定で内輪が回転し外輪が静止の場合は、内輪を「しまりばめ(圧入)」で外輪を「すきまばめ」にします。逆に内輪が静止で外輪が回転の場合には、内輪を「すきまばめ」で外輪を「しまりばめ（圧入)」にします。

このはめあい設計の条件については、メーカーカタログに詳細が紹介されています。

軸受の取付け方法

軸受の取り付けには、専用の座金とナットで内輪を固定する方法、外輪を固定する方法、止め輪を利用する方法などがあります。固定箇所の詳細寸法はメーカーカタログに記載されています。

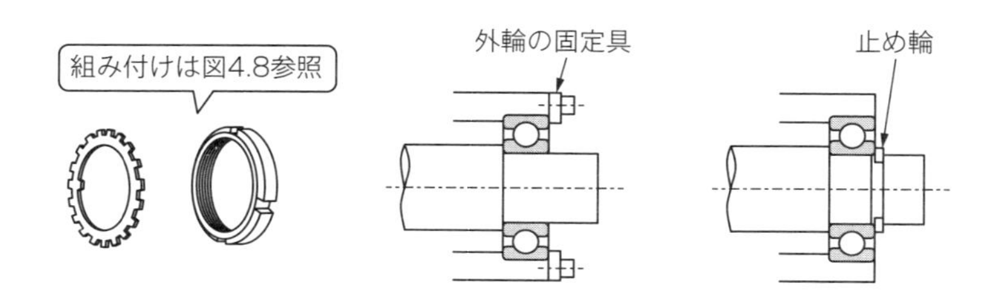

図4.9　ころがり軸受の取付け方法

すべり軸受のブッシュ

唯一、面で受けるすべり軸受がブッシュです。大きな力や衝撃力への対応に適しています。金属や樹脂材料に潤滑剤を含浸させたものもあり、無給油で使用することができます。

往復直線運動だけでなく、回転運動も可能な二刀流で、ブッシュの外径は「しまりばめ（圧入）」で固定します。鋼球を使用しないため肉厚1mmといった薄さが特徴です。

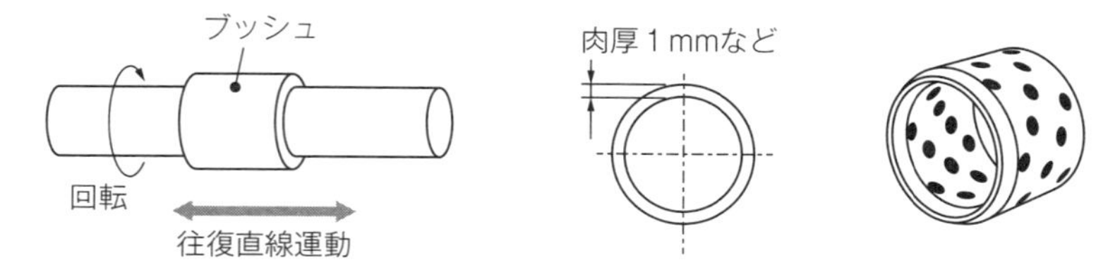

図4.10　すべり軸受のブッシュ

ばね

ばねの特徴と用途

どのような材料であっても、力を加えると変形が起こります。力を取り除いたときに変形が元に戻る性質を弾性変形、元に戻らず変形が残る性質を塑性（そせい）変形といいます。ばねは弾性変形を利用した機械要素部品です。この特徴を活かして、

①力と変形の関係を利用（引張りや圧縮の機械部品）
②衝撃の緩和（ショックアブソーバなど）
③ばねの復元力を利用（時計のぜんまいなど）

に使っています。

ばねには多くの種類がありますが、線材をらせん状に巻いた「圧縮コイルばね」「引張りコイルばね」「ねじりコイルばね」がよく使われています。

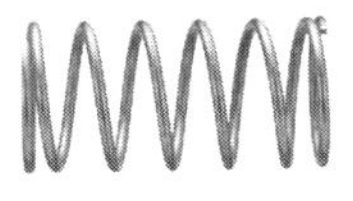

（a）圧縮コイルばね

（b）引張りコイルばね

（c）ねじりコイルばね

図4.11　ばねの種類

ばね選定のポイント

以前は、ばねの市販品が少なかったので、設計者は毎回ばねを設計していました。しかし、現在はさまざまな仕様のばねが安価・短納期で入手できます。そこで、その際の選定ポイントを紹介します。

選定でもっとも大切な条件は、ばねの強弱の度合いで、これを数値

で表したものが「ばね定数」です。単位はN/mmで、この数値が大きくなるほどたわみにくくなります。

次の「自由長」は力が加わっていないときの全長を表し、許される最大のたわみ量が「最大たわみ量」です。

圧縮コイルばね

力を加えていない状態から、圧縮して縮めたときの復元力を利用するのが圧縮コイルばねです。

圧縮力の大きさ（N）＝ばね定数（N/mm）×ばねのたわみ量（mm）

仕様上、完全にコイルが完全に密着するまでは圧縮できません。最大たわみ量はメーカーカタログに記載されています。

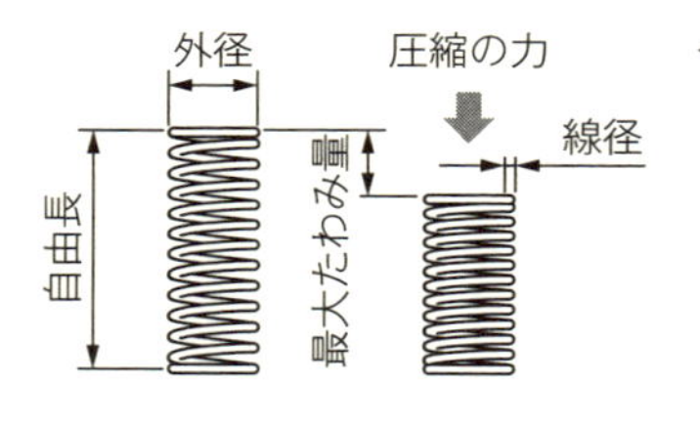

＜市販品の一例＞
外径φ12mm、線径φ1.0mm
自由長40mm、ばね定数1.0N/mm
最大たわみ量16mm

→12.0Nの力を加えると、
12.0(N)／1.0(N/mm)＝12mmたわむ
→5mmたわますには、
1.0(N/mm)×5mm＝5.0Nの力が必要

図4.12　圧縮コイルばね

引張りコイルばね

圧縮コイルばねとは逆に、引っ張ることによる復元力を利用するのが引張りコイルばねです。引っ張りやすいようにばねの両端がフックの形状をしています。

また引張りばねにおいては、たわみが発生するときの力の大きさを「初張力」（単位はN）といい、初張力以下の力ではたわみは発生しません。

引張り力の大きさ（N）＝（ばね定数（N/mm）×ばねのたわみ量（mm））＋初張力（N）

カタログに記載されている最大たわみ量を超えて引っ張ると、塑性変形となり、ひずみが残るので注意が必要です。

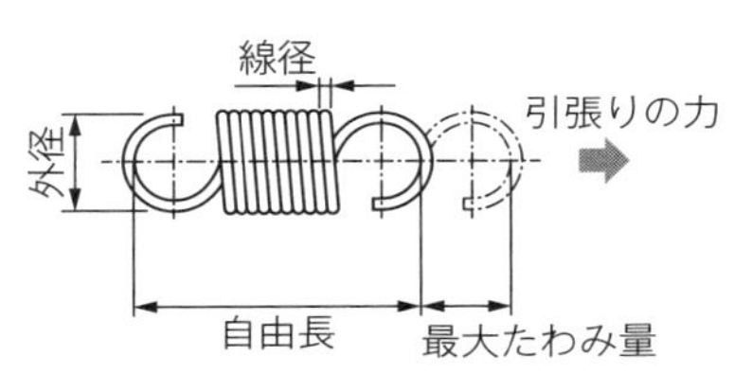

＜市販品の一例＞
外径φ10mm、線径φ1.4mm
自由長30mm、ばね定数5.6N/mm
最大たわみ量6.5mm、初張力12.8N

→30Nの力を加えると、
(30−12.8)N／5.6(N／mm)
≒3.1mmたわむ
→５mmたわますには、
(5.6N/mm×５mm)＋12.8N
＝40.8Nの力が必要

図4.13　引張りコイルばね

ばね手配のコツ

前述の計算式によりばねの選定をしますが、機械に組み込むと可動部の抵抗やばね自体のバラツキにより、当初の動きを得られないことが少なくありません。ばねは100円、200円と単価が安いので、手配する際には狙いのばね定数に加えて、前後の強めと弱めのばねを合わせて３個手配し、現物合わせで最適なものを選択するのが得策です。

また圧縮ばねのばね圧を上げたい場合は、現場での調整として平座金やスペーサを挿入することでたわみ量を増やすことも行われます。

その他の機械要素部品

カムフォロアとローラフォロア

カムフォロアとローラフォロアは、外輪がころがり運動する機構に用いられます。大きな力や衝撃力を受けられるように外輪は肉厚になっており、搬送用のローラやカム機構でカムの輪郭に接触させる部品に使われます。

対象物と線接触する円筒形状と点接触する球面形状があり、軸のあるものがカムフォロア、軸のないものがローラフォロアです。

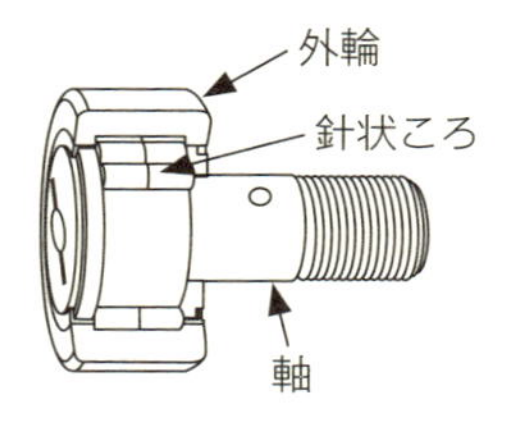

(a) カムフォロア

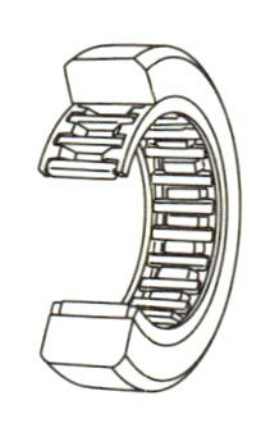

(b) ローラフォロア

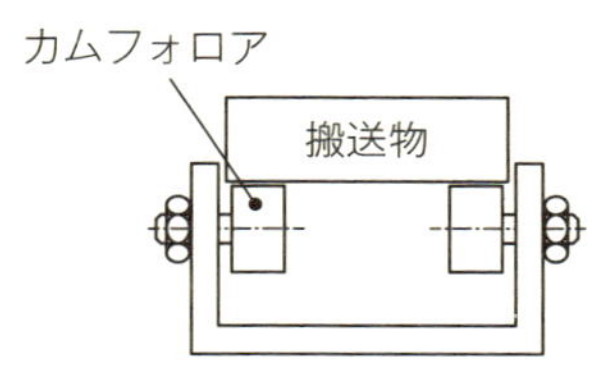

(c) 搬送ローラでの使用例

図4.14　カムフォロアとローラフォロア

軽く搬送するためのボールローラ

重量物を台の上ですべらす場合には、摩擦のために大きな力が必要です。このときに回転する鋼球の上をすべらせれば摩擦は大きく減り、軽い力で動かせるようになります。この機能を持つ部品がボールローラです（図4.15）。点接触なので、どの方向にも動かせるのが特徴で、コンベヤや作業台によく使われます。

また圧縮空気の切り換えで、ボールを上下させることが可能なエア浮上式も市販されています。

(a) 外観

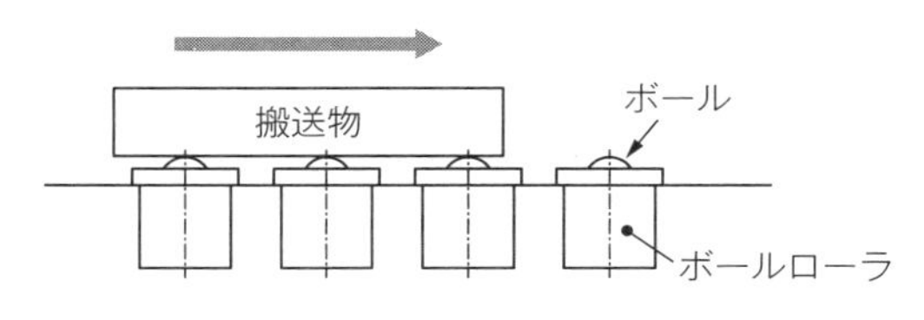

(b) ボールローラの使用例

図4.15 ボールローラ

ばねを組み込んだボールプランジャ

前述のボールローラにばねを組み込んだ構造がボールプランジャです。鋼球に力を加えると鋼球が沈み込みます。この性質を活かして、鋼球を対象物に押し付けたり、対象物にくぼみをつけておくことで位置決めに用います。

鋼球の大きさやストローク量、ばねの強弱（ばね定数）にはいろいろなバリエーションがそろっています。

(a) 外観と内部構造

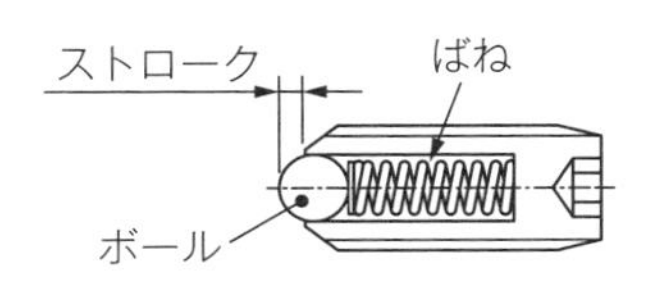

(b) 押込みの活用例

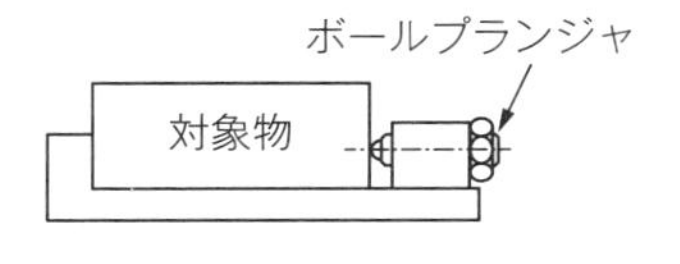

(c) 凹部への位置決め活用例

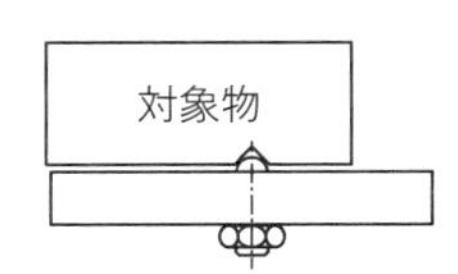

図4.16 ボールプランジャ

衝撃を和らげるショックアブソーバ

衝撃を緩和する機能を持った部品がショックアブソーバです（図4.17のａ図とｂ図）。クルマにも用いられており、路面の凹凸をショックアブソーバで和らげて乗り心地を向上させています。

機械では、ストッパで位置を決めたい場合に、スピードが速いと衝撃により跳ね返りが発生してしまいます。そこでショックアブソーバによって停止直前に力を受け止めて、ソフトに停止させることが可能になります。オイル構造の他にシンプルなばね構造のものが多く使われています。

密閉性を保つOリング

気体や流体の密閉性を保ちたい場合にOリングを使用します。断面は丸形状で、外形は円形だけでなく長方形もあります。Oリングを溝にはめ込み、圧縮により少したわませることですき間を防ぎ、空気・ガス・水・油が漏れるのを防ぎます（同ｃ図とｄ図）。

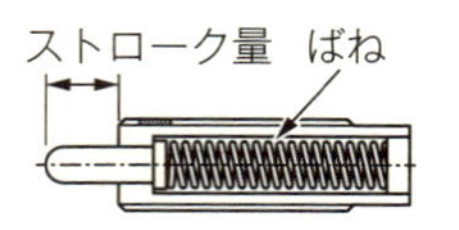

(b) ショックアブソーバの使用例

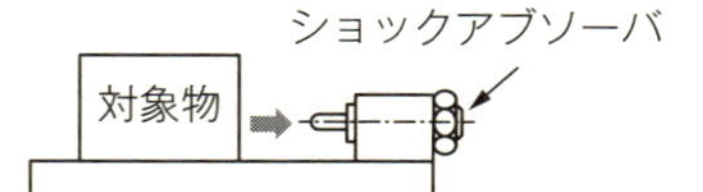

(c) Oリングの使用例

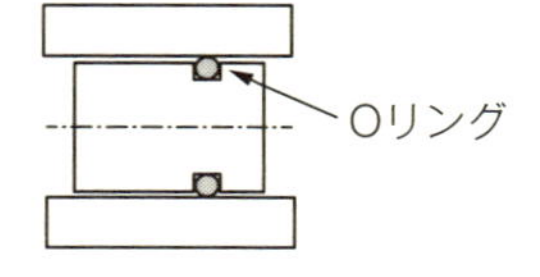

(d) Oリングによる密閉性

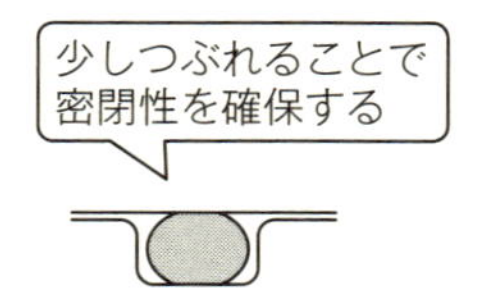

図4.17　ショックアブソーバとOリング

レベルボルトとキャスタとアイボルト

機械のフレームを支える部品がレベルボルトで、アジャスタボルトともいいます。生産現場の床は水平でないことが多いため、機械を水平に調整することと高さ調整がレベルボルトの役割です。

水平の度合いを見るには、フレーム基板の上に水準器を乗せて確認します。水準器は液体の中に気泡を閉じ込めたシンプルな構造で、傾いていれば気泡の位置が片側に寄り、水平が出れば気泡は水準器の中心に来るので、扱いやすい測定器です。

また機械を移動する際には、フレーム下面の四隅に固定したキャスタでころがす方法が便利です。ストッパ付きのキャスタも市販されていますが、キャスタで設置場所まで移動させた後に、上記のレベルボルトでキャスタごと持ちあげて固定するのが一般的です。一体となったキャスタ付きレベルボルトが市販されています。

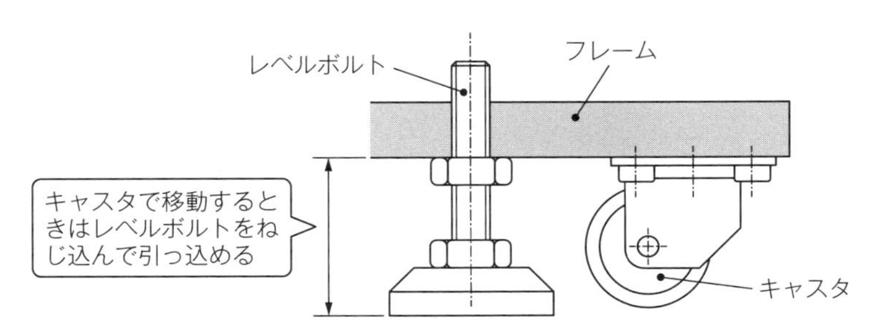

図4.18　レベルボルトとキャスタ

ころがすことが難しくやむなく吊り上げる必要がある場合には、輪っか形状のアイボルトを機械上部に取り付けて使用します。使用するアイボルトの個数に関わらず、アイボルト１個で機械重量に耐えられる仕様を選ぶことが安全面から必要です。

部品供給の機械要素

供給部品の姿勢

組立機や検査機といった機械に部品を供給する場合、部品の姿勢は、製品がバラバラで表裏や向きが定まっていない状態と、パレット（トレー）やリール、スティックといったケース内に表裏と向きが揃って納められた状態の２つのパターンがあります。

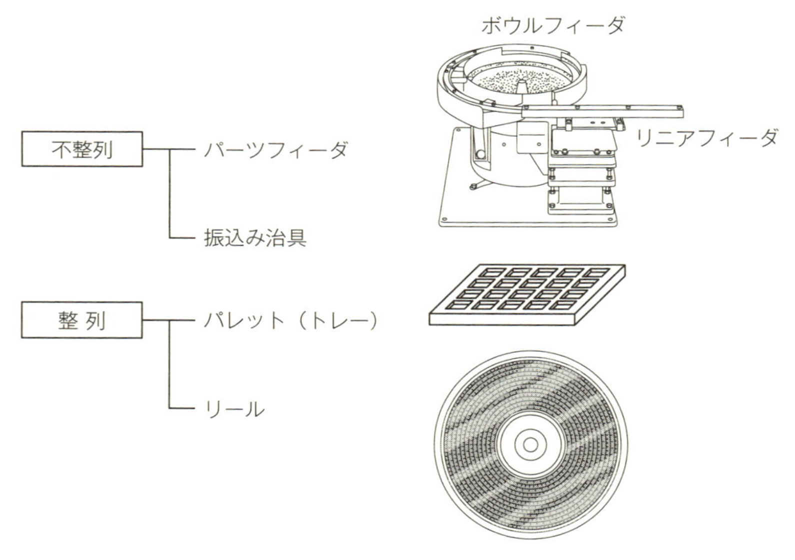

図4.19 部品供給の形態

整列供給装置のパーツフィーダ

バラバラの状態から表裏と向きを揃える手段として、パーツフィーダという整列供給装置を使用する方法と、振込み治具を使う方法があります。

パーツフィーダは微振動を与えることで部品を送りながら同時に表裏と向きをそろえるもので、「送り＋表裏選別＋方向選別」の機能を持っています。この振動がユニークで、部品の走行面が斜め上方に振動します。これにより部品は斜めに放り投げられて、自然落下すると一歩送られた状態になります。また部品の走行面や側面に凹凸を設けることで、送りながら部品の表裏や向きを揃えます。

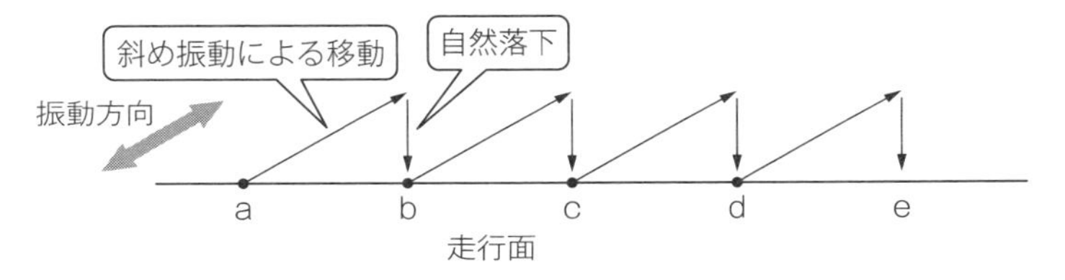

図4.20　パーツフィーダの搬送原理

ボールフィーダとリニアフィーダ

パーツフィーダにはボールフィーダとリニアフィーダがあり、ボールフィーダは渦巻きのボウル形状で、この中に部品をバラバラに投入すると、渦巻きのらせん走行面に沿って登りながら、選別が行われます。姿勢が悪いものはここではじかれてボウルの下に落下し、再度上昇します。この走行面の工夫がパーツフィーダメーカーの技術ノウハウになっています。

一方、リニアフィーダは同じ振動の原理で直線状にまっすぐ搬送します。ここでは表裏や方向の選別は行いません。ボールフィーダに投入された部品は、リニアフィーダを通して機械に供給されます。これらのボールフィーダとリニアフィーダは、部品形状に合わせたオーダーメイド品になります。

凹凸を利用した振込み治具

たとえば板の表面に凹凸をつけておき、その上にバラバラの部品を投入して振動を与えることで、表裏や向きをそろえるものが振込み治具です。振動は自動であったり板を手で揺らします。パーツフィーダに比べて安価で容易に導入することができます。

この振込み治具は充填率が課題になります。凹凸のすべてに部品がはまればよいのですが、どうしても歯抜けが生じてしまいます。この充填率を高めるには、凹凸の形状や振動の方向と大きさがポイントになります。

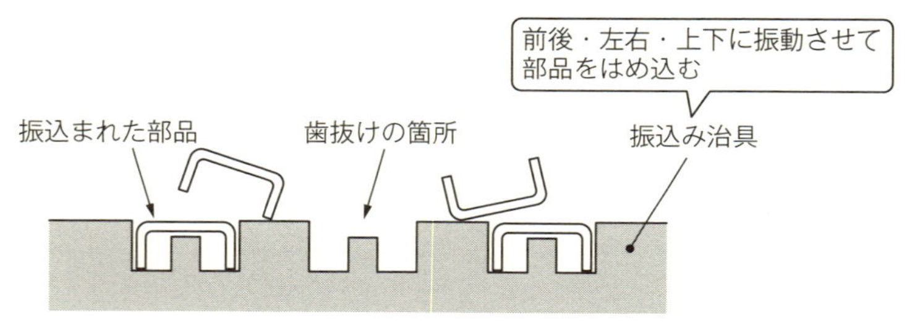

図4.21　振込み治具の例

整列状態での供給

部品の表裏や向きが事前にそろっていれば、機械への供給は容易です。部品を収納しているパレット（トレー）やリール、スティックを直接機械にセットして、順に部品を取り出します。部品がカラになれば、次の収納ケースと自動で交換する機能を持たせることで、長時間の無人運転も可能になります。

第5章

アクチュエータ

汎用モータ

アクチュエータとは

エネルギーを機械的な動きに変換する駆動機器のことをアクチュエータといいます。主なものに電気をエネルギーとするモータと、流体をエネルギーとするシリンダがあります。

モータは速度や加速度、停止位置の制御が可能で、高精度な動きに適しています。ロボットや工作機械、また家電の主な駆動源に採用されているのはこうした理由からです。

一方、シリンダは空気圧を利用した空気圧シリンダと、油圧を利用した油圧シリンダに分かれます。モータに比べて機構がシンプルで制御がしやすく、大きな出力が得られるので、機械に広く使われています。しかし、家庭で空気圧・油圧をつくるのは難しいので、家電製品に使われることはありません。

では、モータから見ていきましょう。

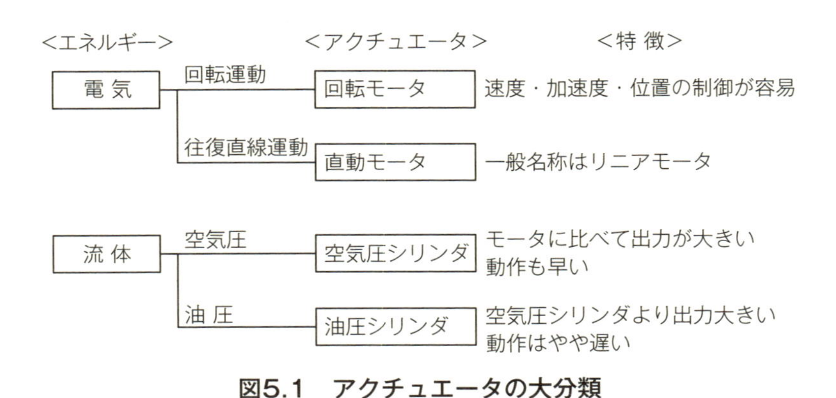

図5.1 アクチュエータの大分類

モータの分類

動作の方向により、回転モータと直動モータ（リニアモータ）に分かれます。通常は、直動には回転モータとボールねじを組み合わせますが、直動モータは回転を使わずに直接往復直線運動を生み出します。

モータの使い方としては、扇風機のように連続回転で使用して速度の調整はしても、停止の位置精度は必要としない「速度制御」と、ロボットや工作機械のように回転と停止を繰り返し、停止の位置精度を必要とする「速度制御＋位置制御」の２通りがあります。

また電源の違いでは、直流で駆動するDCモータ（直流モータ）と、交流で駆動するACモータ（交流モータ）があります。直流電源はDC12VやDC24Vなどの電池やバッテリーが主流で、ノートパソコンなど多くの家電製品は直流を使用します。そのため据置きの製品は、100Vの交流をACアダプタによって直流に変換しています。工場の交流電源はAC200Vが主流です。

<table>
<tr><th>方向</th><th>制御</th><th>電源</th><th>モータの種類</th><th>特徴</th></tr>
<tr><td rowspan="3">回転</td><td rowspan="2">速度制御</td><td>直流</td><td>DCモータ
ブラシレスDCモータ</td><td>汎用品
長寿命品</td></tr>
<tr><td>交流</td><td>ACモータ</td><td>汎用品</td></tr>
<tr><td>速度制御
＋
位置制御</td><td>直流
・
交流</td><td>ステッピングモータ
サーボモータ</td><td>オープンループ
クローズドループ</td></tr>
<tr><td>直動</td><td>速度制御
＋
位置制御</td><td>交流</td><td>リニアモータ</td><td>唯一の直線往復運動</td></tr>
</table>

図5.2　モータの分類

DCモータ／直流モータ

磁石の間に自由に回転できるコイルをおいて電気を流すと、フレミングの左手の法則により電磁力が発生します。DCモータは、この力を利用して軸となるコイルを回転させています。しかし90°回転すると磁石に対して電気の流れる向きが逆になり、電磁力も逆転してしまうため、電流の向きを半回転ごとに切り替えることで、連続回転できる工夫をしています。回転するコイルの両端にある整流子が、固定されているブラシと接触することで直流電源を供給します。

回転数は電圧を換えることで制御し、回転方向は電源の極性を変えて対応します。DCモータは高い回転数を得られる反面、トルクが小さいので大きなトルクを必要とする場合には、ギヤヘッドと呼ばれる減速装置と組み合わせて使用します。

弱点はブラシと整流子が常に接触して回転するため、ブラシが摩耗することです。そのため数千時間でブラシの交換が必要となります。また、火花が発生するリスクがあるので、引火性ガスのある環境では使用できなかったり、火花のノイズが精密機器へ影響する恐れもあります（図5.3のa図）。

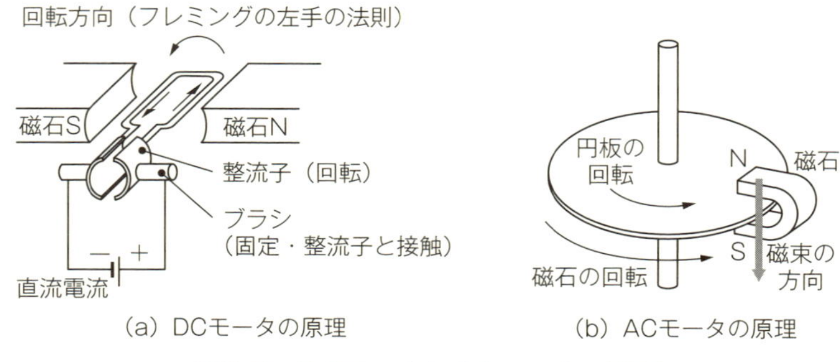

図5.3　DCモータとACモータの原理

ブラシレスDCモータ

先のDCモータの弱点を補ったモータがブラシレスDCモータです。ブラシレス、すなわちブラシがありません。ブラシと整流子の代わりに電子回路を使って電流の向きを変える構造になっています。これによりブラシの摩耗や火花の発生がなく、メンテナンスが不要で長寿命、重量も軽くなり、騒音や振動の発生も少なくなります。こうしたメリットを活かして、家庭用電気機器に広く使用されています。

ACモータ／交流モータ

図5.3のｂ図のように、導体の円板に対して磁石を回転させると、円板も磁石と同じ方向に回転します。これは磁石の移動により円板に渦電流が発生し、磁石の磁束と渦電流の相互作用により起こる現象です。ACモータは、磁石を回転させる代わりに、交流電流によって回転する磁界をつくることで、中の導体を回転させる構造です。これを誘導モータといい、インダクションモータとも呼ばれます。

モータごとに回転数とトルクが決まっており、一定速度で連続運転するのが基本的な使い方です。速度を変えたい場合には、インバータを使って周波数を変えることで対応します。DCモータのように電流の向きを変える必要がないので、ブラシと整流子は必要ありません。磁界をつくる固定子と回転軸となる回転子とフレームのシンプルな構造で、高出力、低価格、故障が少なく、長寿命です。

供給する電源の違いにより、家庭用電化製品の掃除機などには単相100Vモータが、工場などの工作機械や生産設備には三相200Vモータが使われます。

家庭用の扇風機にはDCモータ仕様とACモータ仕様があります。メーカーカタログからその違いを探してみるのもおもしろいでしょう。

位置制御のモータ

2つの位置制御

次に、ステッピングモータとサーボモータを紹介する前に、位置制御の方法を見ておきましょう。制御機器からモータに対して回転数や停止位置といった狙いの値を指示します。このとき指令を出すだけの一方通行の制御を「オープンループ制御」といいます。反応の速度は速いものの、本当に狙い値にぴったりと合ったかどうかは確認できません。ノイズといった外乱要因に影響を受けやすいという弱点があります。

一方「クローズドループ制御」は、出力を検知して狙いどおりに動作しているかを確認し、狙い値との差がなくなるまで制御機器から指示を繰り返します。そのため高い精度が得ることができ、フィードバック制御とも呼ばれます。

ステッピングモータは前者のオープンループ制御に、サーボモータは後者のクローズドループ制御に使用します。

(a) オープンループ制御

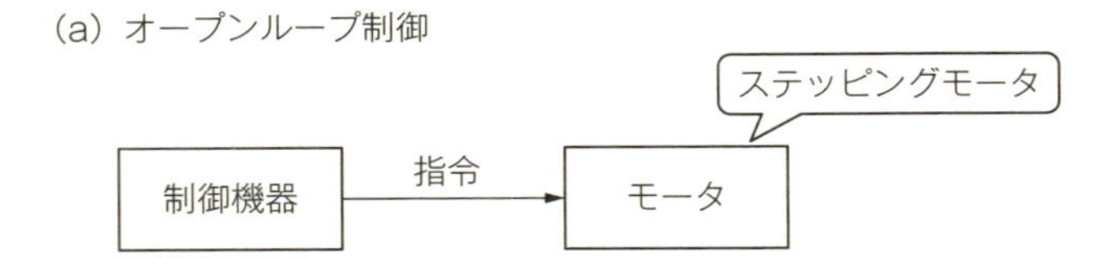

(b) クローズドループ制御（フィードバック制御）

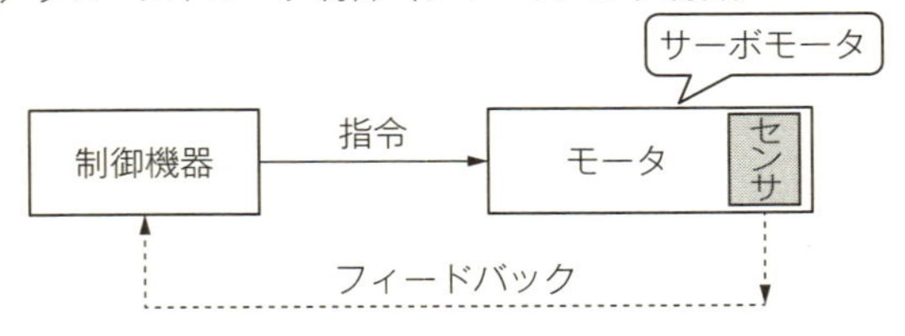

図5.4　位置決めの制御方法

ステッピングモータの概要

ステッピングモータは、プリンタの紙送りやエアコンの風向きを変える羽の駆動源に使用されています。電源のON/OFFが繰り返されるパルス信号でモータを駆動するため、別名パルスモータともいいます。１パルスの指令で回転する角度をステップ角といい、モータごとに0.72°や1.8°といったステップ角が決まっています。

「モータの回転角度＝ステップ角×パルス数」なので、0.72°のステッピングモータで180°回転させたいときは250パルス必要になります。すなわちこのステップ角が最小の狙い精度になります。

１分間当たりの回転数は、「モータの回転速度（r/min）＝ステップ角（°）/360°×パルス速度（Hz）×60」になります。このときのパルス速度は「１秒間当たりのパルス数」です。

システムは「ステッピングモータ」「ドライバ」「コントローラ」で構成されます。プログラマブルコントローラなどの制御機器からスタート信号がコントローラに入り、コントローラからは必要な回転量と回転速度をパルス信号でドライバに送ります。ドライバからパルス信号に応じた電流をモータに送ることで駆動させています。

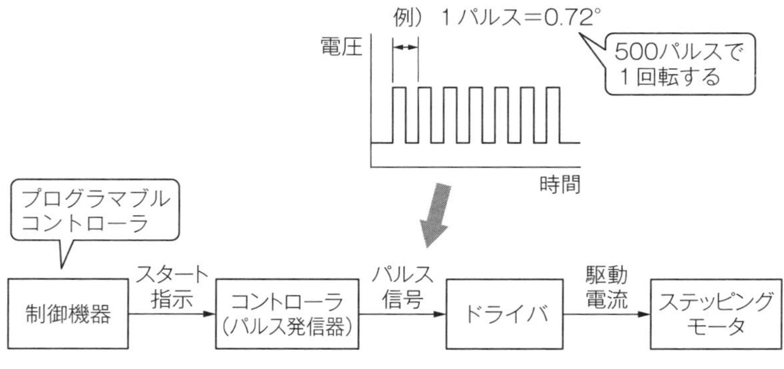

図5.5　ステッピングモータの構成とパルス信号

第５章 アクチュエータ

ステッピングモータの特徴

ステップ角の小さなモータほど高精度位置決めが可能で、オープンループ制御のために応答性もよく、速度制御も容易です。また回転部に接触箇所がなく長寿命で、停止時には大きな保持力があります。すなわち外部からある程度の力が加わってもずれないので、メカ的なブレーキを使わなくても良いのが利点です。ただし、停電すると保持力はなくなるので、昇降機構などに使用する場合には、安全策として電磁ブレーキ付きの仕様を検討します。

一方、トルクが小さめで時計の秒針のように1パルスごとに回転するので微振動があること、またオープンループ制御のため外部から一定以上の大きな力が加わると狙い値からずれること、停止時にも保持力を保つために電流を流し続けるので発熱しやすいといった弱点があります。

高精度なサーボモータ

クローズドループ制御で、高速・高精度にスタートと停止をひんぱんに繰り返す動作をさせるにはサーボモータが適しています。急加速、急減速ができるように回転子の直径を小さくして慣性を下げたり、高いトルクを得るために回転子を長くするなどの工夫がされています。電流の違いにより直流用のDCサーボモータと交流用のACサーボモータがあり、モータ内部の構造は先に紹介したDCモータやACモータにセンサが内蔵された構成になります。

DCサーボモータはブラシと整流子が接触する構造のためメンテナンスが必要になります。この問題を解決したのがACサーボモータです。ブラシをなくすことでメンテナンスが不要となり、巻き線の高密度化やマグネットの特性の向上により小型化が進んでいます。現在はACサーボモータが主流となっています。

直動のリニアモータ

往復直線運動を生み出すには、モータとボールねじとの組合わせや、エレベータのようにモータの回転でワイヤを巻き上げることで上下の直線運動をさせるのが一般的です。それに対してこのリニアモータは回転運動を介さずに、往復直線運動を発生させます。

原理は回転タイプのモータと同じで、回転モータの直径が限りなく大きくなると、直線に近似するという理屈です。身近では電気ひげそりの刃のスライドにこのリニアモータが用いられています。

各モータの特徴

これまで紹介してきたモータの特徴を下図に簡潔にまとめました。

	DC モータ（直流）		AC モータ（交流）		ステッピングモータ	サーボモータ	
	DC モータ	ブラシレス DC モータ	単相モータ	三相モータ		DC サーボモータ	AC サーボモータ
電源	直流	直流	交流	交流	直流／交流	直流	交流
サイズ	小	小	大	中～大	中	小	小～中
速度範囲	広い	広い	狭い	広い	広い	狭い	中
応答性	並	並	劣る	劣る	並	良い	良い
寿命	短い	長い	長い	長い	長い	短い	長い
価格	安価	普通	安価	安価	普通	高価	高価
特徴	低コスト	長寿命	低コスト	汎用	位置決め	高性能	高性能
用途例	家電 電動工具	家電	洗濯機 掃除機	コンベア エアコン	家電	プリンタ 工作機械	コンベア 工作機械

注）「サイズ」は同出力比で比較

図5.6　各モータの特徴

シリンダ

流体を利用したシリンダの特徴

前述のモータと比べて、流体を利用したシリンダは大きな出力を得ることができ、空気圧を利用した空気圧シリンダと油圧を利用した油圧シリンダがあります。

空気圧と油圧の大きな違いは使用する圧力です。一般的な空気圧が0.5MPa（約５kgf/cm^2）前後であるのに対して油圧では３～20MPaです。このように、空気圧の数倍の圧力を利用するので、より大きな出力を得ることができます。油圧は高速の動作には適しませんが、油には圧縮性がないため精度の高い制御が可能なことから、工作機械や建設機械に使われています。水を使わず油を使うのは、水が蒸発しやすいうえに、潤滑の効果がなく、設備を錆びさせてしまうからです。

油を循環させる油圧シリンダに比べて、空気圧は使用済みの空気を大気中に排出できるので、機構がシンプルで保守も容易です。ただし空気には圧縮性があるため、動作スピードを精密に制御することは得意ではありません。

組立機や検査機などの機械には一般的に空気圧が使われているので、ここからは空気圧を対象に紹介します。

空気圧システムの構成

空気圧のシステムは、圧縮空気の発生機器と、機械内での空気圧機器から成ります。前者は空気を圧縮する「コンプレッサ」と、つくった圧縮空気を蓄える「タンク」、水蒸気を除去する「ドライヤ」で構成されます。これらは工場で１ヵ所もしくは数ヵ所に設置し、管を通して各機械に分配します。

分配された圧縮空気は「エアフィルタ」「レギュレータ」を通して

機械内部に取り入れます。エアフィルタで圧縮空気内の微細なホコリやゴミを除去し、レギュレータで圧縮空気の圧力を調整します。

次にシリンダに流れる圧縮空気の向きを切り換える「電磁弁（ソレノイドバルブ）」とシリンダの動作速度を調整する「スピードコントローラ（スピコン）」を通してシリンダにつながっています。

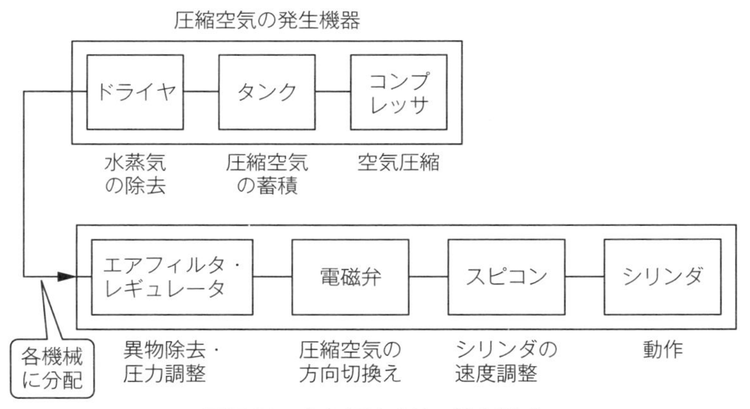

図5.7　空気圧シリンダの構成

空気圧の読み方

圧力はSI単位系のMPa（メガパスカル）で表示されます。kgとの関係は「1 MPa＝10.20kgf/cm^2」もしくは「1 kgf/cm^2＝0.098MPa」となり、ざっくりと「1 MPa≒10kgf/cm^2」で理解しておくと便利です。

空気圧を表すには、大気圧を基準とする「ゲージ圧力」と、完全真空を基準とする「絶対圧力」の２通りの方法があります。一般的に、前者の大気圧を基準とするゲージ圧力を用い、メーカーカタログもこのゲージ圧力で表示されています。

シリンダの分類

シリンダの構造には２タイプあります。「単動シリンダ」は一方向の動きは圧縮空気を利用し、戻りは内蔵のばねで戻る構造になっています。圧縮空気を供給していないときに後退した押出し形と前進した引込み形があります。

配管がシンプルなものの、ばね力を使うために速度調整が難しいことや、ばねが縮む方向の出力は弱くなる点が弱点です。

そのため一般的には、前進・後退ともに圧縮空気で制御する「複動シリンダ」を用います。

(a) 単動シリンダ（一方向のみ圧縮空気で作動させ、復帰はばね力を使用）

(b) 複動シリンダ（前進・後退ともに圧縮空気で作動）

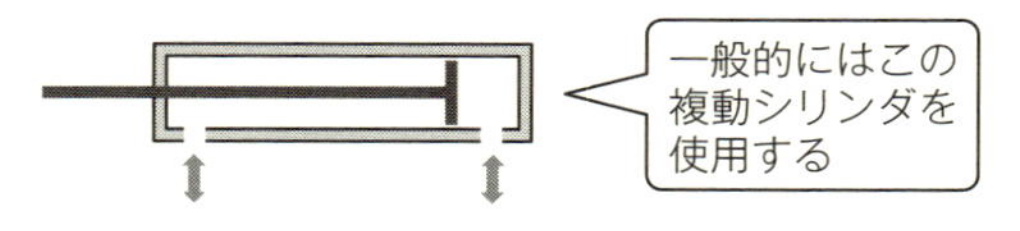

図5.8　シリンダの分類

複動シリンダの動作サイクル

前進・後退の往復直線運動する部品をロット、圧縮空気の取り入れ口を接続口と呼びます。図5.9において後退した状態①では、接続口Ｂに圧縮空気が給気されています。前進させるとき②は、給気を接続口Ａに切り換えます。ロットが先端まで行ききれば前進完了③です。後進させる際④には、給気を接続口Ｂに切り換えます。ここまでがひとつの動作サイクルになります。

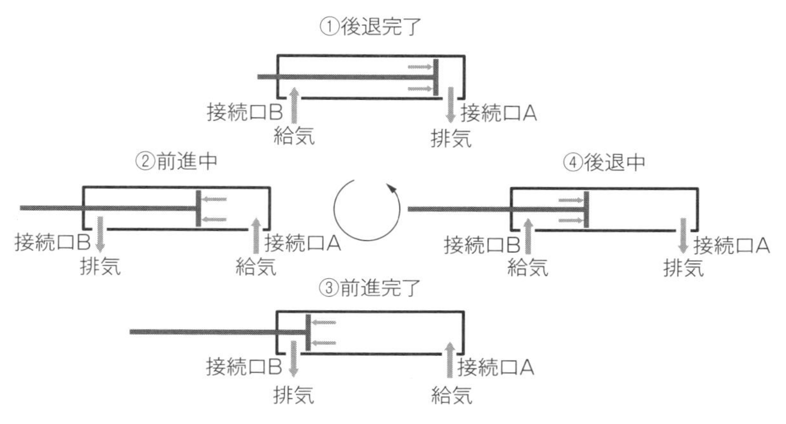

図5.9　複動シリンダの動作サイクル

シリンダの推進力

前進・後退する力は「ピストンが受ける面積×空気圧」になります。前進時は圧縮空気をピストンの全面で受けますが、後退時はロット径の面積分が少ないため、前進と後退の力は異なります。ピストンの直径をφD、ロットの直径をφdとすると、前進時の受圧面積は「$(D^2/4)\times\pi$」、後退時の受圧面積は「$((D^2-d^2)/4)\times\pi$」です。

なお、シリンダメーカーのカタログで表示されているシリンダ径のφ10やφ20は、ピストンの直径φDを表します。

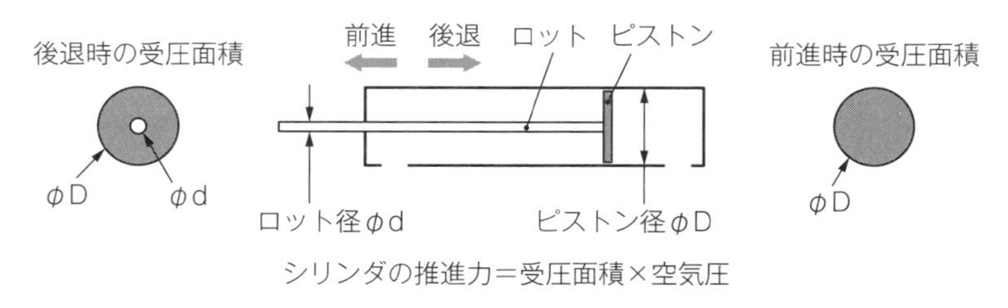

図5.10　シリンダの受圧面積

シリンダ径による推進力とストローク

図5.11はシリンダに給気する空気圧ごとの推進力を表します。この数値から後進よりも前進の推進力が高いことがわかります。推進力の単位Nを9.8で割ればkgfに変換できます。

またロットの移動距離をストロークといい、シリンダサイズごとにバリエーションがそろっています。シリンダ径φ20のストロークの例では、25/50/75/100/125/150/200/250/300mmの中から選択できます。

シリンダ径 (mm)	ロット径 (mm)	作動方向	受圧面積 (mm^2)	シリンダの推進力 (N) 空気圧 (ゲージ圧力) 0.3MPa	0.5MPa	0.7MPa
6	3	前進 後退	28.3 21.2	8.5 6.4	14.2 10.6	19.8 14.8
10	4	前進 後退	78.5 66.0	23.6 19.8	39.3 33.0	55.0 46.2
16	5	前進 後退	201 181	60.3 54.3	101.0 90.5	141 127
20	8	前進 後退	314 264	94.2 79.2	157 132	220 185
25	10	前進 後退	491 412	147 124	246 206	344 288
32	12	前進 後退	804 691	241 207	402 346	563 484

図5.11　シリンダの推進力

揺動するロータリアクチュエータ

ロータリアクチュエータは360°連続回転するのではなく、ある一定の角度内の揺動運動をおこなうシリンダです。シリンダごとに揺動角度が決まっており90°・180°・270°が一般的です。図5.12のａ図のように回転軸に羽がついたベーンタイプ式と、ピストンに連結されたラックでピニオンギアを回転させるラックピニオン式があります。

メカ機能がついたシリンダ

ここまで紹介したシリンダに、メカ機構を組み込んだタイプがメーカー各社から市販されています。２つのツメで対象物を把持するエアチャックやエアハンドと呼ばれるシリンダは、空気の圧縮性を活かしてソフトに柔らかくモノをつかむことができます（図5.12のｂ図）。

またガイド機構がつくことで精度や耐荷重に優れたものなど、さまざまなタイプがあります（同ｃ図とｄ図）。

従来はシリンダに加えて直動の案内機構を自ら設計する必要がありましたが、メカ機構と一体化された市販品を活用することで、全体の機構がシンプルになり、設計時間の短縮やコストダウンにもつながります。

(a) ロータリアクチュエータ

揺動角度は90°/180°/270°など

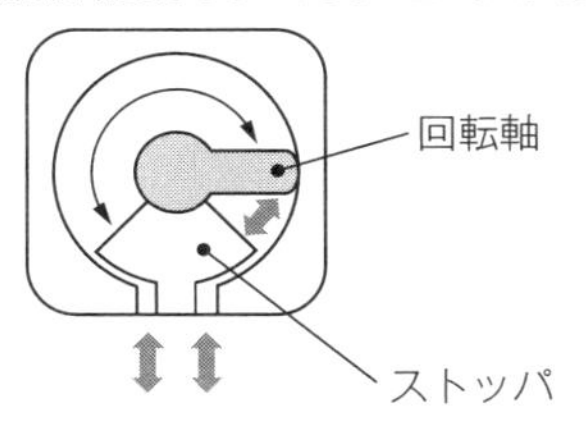

(b) エアチャック・エアハンド

シリンダ機構

チャック

チャックが
開閉

(c) ロットレスシリンダ

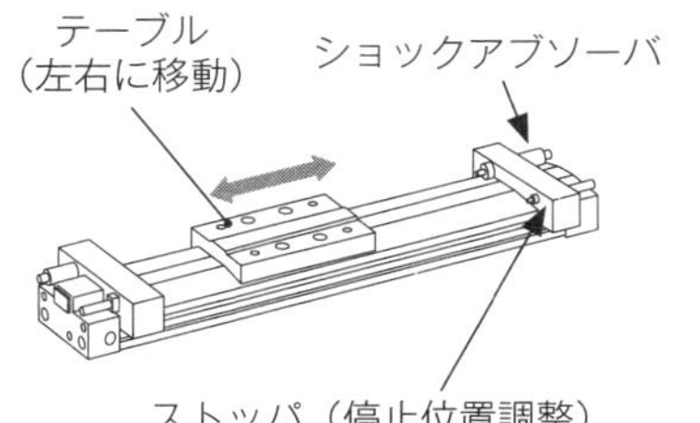

(d) ガイド付きシリンダ

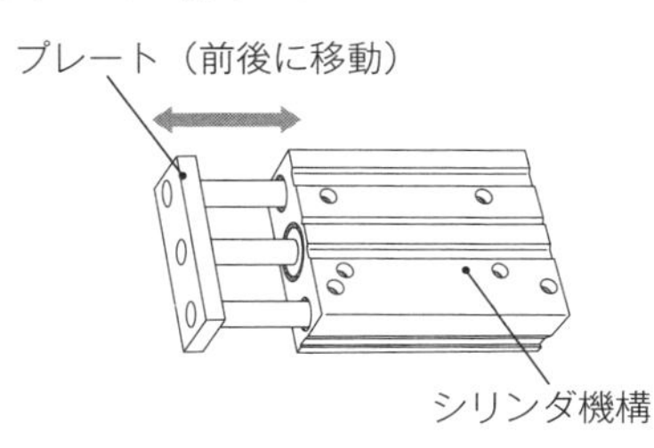

図5.12　各種シリンダ

電磁弁

電磁弁／ソレノイドバルブ

銅線を巻いた中空のコイルに電流を流すと磁力が発生し、コイルの中にある鉄心が吸着されます。また、電流を止めると鉄心は元に戻ります。この原理を利用したのがソレノイドで、これもアクチュエータ（駆動源）の１つです。このソレノイドを使って弁を動かすことにより圧縮空気の流れ方向を変えるのが電磁弁で、ソレノイドバルブともいいます。シリンダの前進・後退はこの電磁弁で切り換えます。

電磁弁は構造や機能の違いにより多くの分類があります。ここでは「配管接続口の数」と「ソレノイドの数」、そして「停止位置の数」による分類を順に見ていきましょう。

配管接続口の数による分類

電磁弁の配管接続口をポートといい、このポート数により、電磁弁には２ポート、３ポート、５ポートの仕様があります。

２ポート電磁弁は、圧縮空気を取り入れる供給口と圧縮空気を出す出力口の２ポート仕様です。エアガンやエアブローのエア切替えにはこの電磁弁を使います。

３ポート電磁弁は供給口と出力口に加えて、シリンダからの排気を行う排気口の３つのポートがあります。単動シリンダや真空機器にはこの３ポート電磁弁を使用します。

５ポート電磁弁は、供給口が１つと出力口と排気口が各２つで計５つのポートがあり、複動シリンダにはこの電磁弁を使用します。

図5.13は３ポート電磁弁と５ポート電磁弁において、ソレノイドに通電した時と通電を切った非通電時のそれぞれの圧縮空気の流れを表しています。

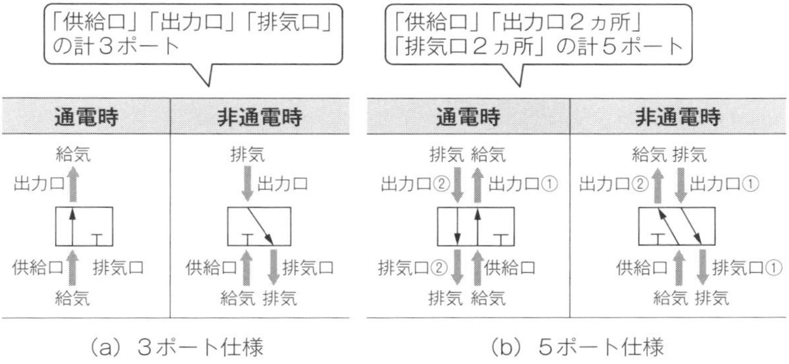

「供給口」「出力口２ヵ所」
「排気口２ヵ所」の計５ポート

通電時	非通電時	通電時	非通電時
給気 出力口 供給口 排気口 給気	排気 出力口 供給口 排気口 給気 排気	排気 給気 出力口② 出力口① 排気口② 供給口 排気 給気	給気 排気 出力口② 出力口① 供給口 排気口① 給気 排気

（a）３ポート仕様　　（b）５ポート仕様

図5.13　３ポート仕様と５ポート仕様

ソレノイドの数による分類

ソレノイドを１つ使用した電磁弁がシングルソレノイド、２つ使用したものがダブルソレノイドです。停電やトラブルでソレノイドへの通電が止まると、シングルソレノイドは内部のばねの圧力でソレノイドが元に戻ります。シリンダが前進しているタイミングであれば、通電が止まった瞬間に後退するため、周りのメカ機構の構造によっては干渉して危険を伴うリスクがあります。

一方、ダブルソレノイドの場合には、前進も後退ともにソレノイドで切り換えるので、通電が止まってもそのときの流れが保持されます。すなわちシリンダが前進しているタイミングであれば、そのまま前進を続けます。

停止位置の数による分類

停止位置が前進と後退の２位置の電磁弁のほかに、中間停止もできる３位置の電磁弁があります（図5.14）。ただし中間停止といっても任意の位置で正確に止めることはできません。用途としては、動作中のシリンダを緊急停止させたい場合に使用します。

作業者の安全を確保する場合や、メカ機構の干渉による破損を回避するのが狙いです。

この中間停止時状態の圧縮空気の流れによって、シリンダの２つのポートともに遮断する「クローズドセンタ」、排気する「エキゾーストセンタ」、給気する「プレッシャセンタ」の３つの種類あります。

電磁弁への通電が止まった状態	シリンダの動き
【クローズドセンタ】 ロットは動かない 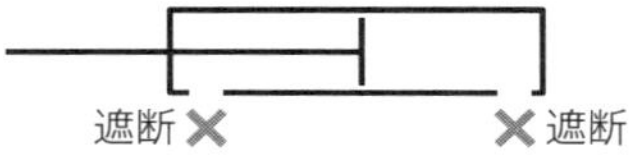 遮断 ✕　✕ 遮断	シリンダ接続口２ヵ所ともに遮断。 シリンダ内の圧縮空気は閉じ込められた状態。 落下防止など電気が切れたときに動かしたくない場合に使用
【エキゾーストセンタ】 ロットは自由に動く 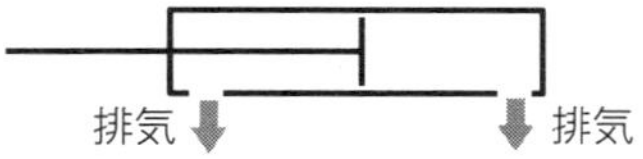 排気　排気	シリンダ接続口２ヵ所ともに排気。 シリンダ内は大気開放された状態。 手で自由に動かすことができる
【プレッシャセンタ】 バランスが取れるまでゆっくり動く 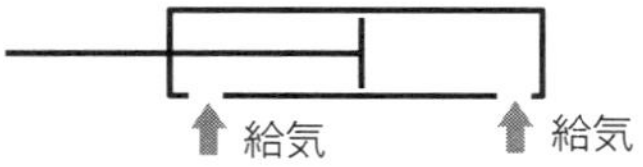 給気　給気	シリンダ接続口２ヵ所ともに給気。 バランスが取れるまではゆっくり動き バランスが取れれば停止

図5.14　３位置の電磁弁

以上のように電磁弁には多くの種類がありますが、一般的には、「５ポート」「シンプルソレノイド」「２位置」の仕様を用います。配管の例は後述します。

なお「ダブルソレノイド」や「３位置」の仕様は、サイズが大きくなる上に価格も高くなるので必要な場合にだけ採用します。

空気圧機器の関連部品

サイレンサとマニーホールド

電磁弁から排気される圧縮空気は高圧なので、直接大気に排出すると爆発音が生じます。そこで、サイレンサと呼ばれる消音部品を電磁弁に取り付けます。また電磁弁を複数個使用する場合には、並べて取り付けられるマニーホールドを使用します。圧縮空気を供給する配管もサイレンサも、マニーホールドに一括して取り付けることができて便利です。。ただし、複数ある電磁弁の動作タイミングが重なると空気圧や流量に影響を及ぼすため、圧縮空気を供給する配管やサイレンサの容量は余裕を持った仕様を選ぶことが大切です。

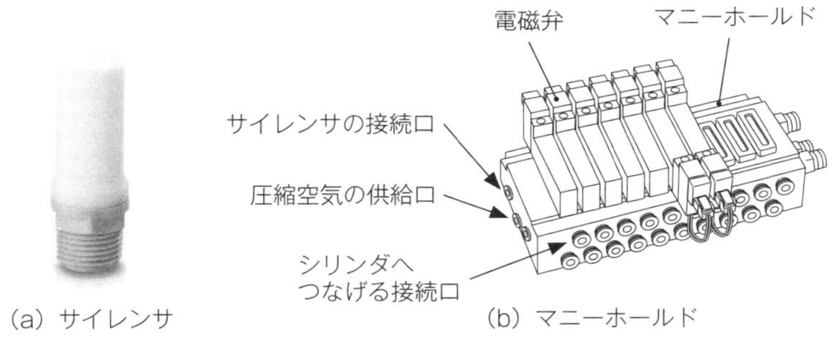

図5.15 サイレンサとマニーホールド

スピードコントローラの構造

シリンダの動作スピードを調節するのがスピードコントローラです。実務では、略してスピコンと呼んでいます。スピコン内には空気の通り道が２本あり、１本は片側通行で一方向にしか流れず、もう１本はどちらの方向からでも自由に流れますが、つまみの開閉により流量は制限される構造になっています（図5.16)。

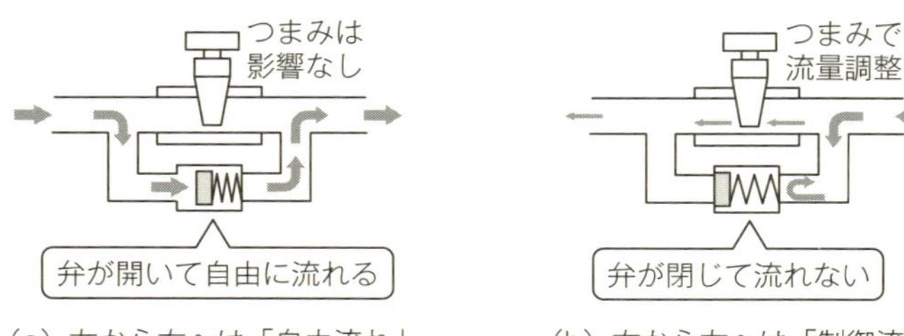

（a）左から右へは「自由流れ」　（b）右から左へは「制御流れ」

図5.16　スピードコントローラの構造

スピードコントローラの接続方法

スピコンの接続には２通りの方法があります。シリンダから出る排気の量を調整する「メーターアウト」と、シリンダに供給する給気の量を調整する「メータイン」です。これはシリンダにつなぐ際のスピコンの向きで決まります。

メータアウトの方がシリンダの動きがなめらかで調整も容易なので、複動シリンダではメータアウトで配管します。一方、単動シリンダはメータインを使用します。シリンダとの距離は短いほど応答性がよいので、スピコンはシリンダの接続口に直接取り付けるのが理想です。

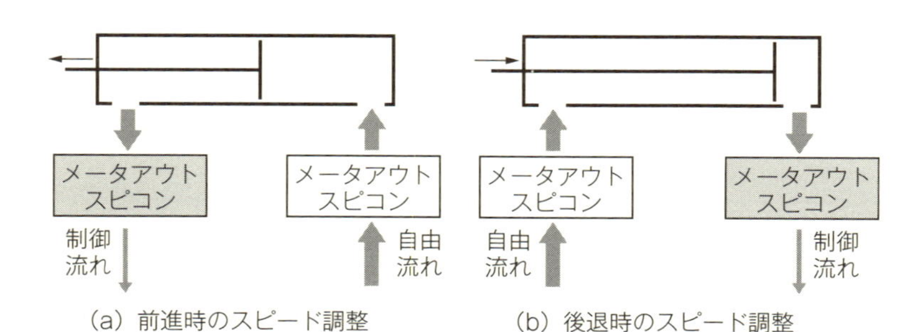

（a）前進時のスピード調整　（b）後退時のスピード調整

図5.17　メータアウトによるスピード調整

異物を除去するエアフィルタ

圧縮空気を機械へ供給する際には、まずエアフィルタにつなげます。コンプレッサで圧縮空気をつくる段階や機械までの長い配管経路の途中で、細かな異物や水分が混入します。エアフィルタはこれらを除去することで、電磁弁やシリンダへの悪影響を防ぎます。一般仕様のろ過度は5μmレベルです。さらに微細なホコリを除去したい場合には、ろ過度0.3μmレベルのミストセパレータや、ろ過度0.01μmレベルのマイクロミストセパレータも市販されています。

空気圧を調整するレギュレータ

レギュレータは減圧弁ともいい、圧縮空気の圧力を下げる機器です。コンプレッサは工場に1ヵ所設置して各機械に分岐させるため、複数の機械が同じタイミングで使用すると圧力が下がり、この影響でシリンダの出力やスピードが変わってしまいます。そこで機械の供給口で少し低めの圧力に設定しておけば圧力変動の影響を避けることができます。

たとえば、コンプレッサの圧力0.6〜0.7MPaに対して機械のレギュレータは0.5MPaに設定します。このレギュレータとエアフィルタの使用は必須なので、連結したセットで市販されています。

センサとフローティングジョイント

シリンダが狙いどおりに動作したのかを、シリンダ本体に取り付けたセンサで確認します。前進と後退を確認するため2個使用するのが一般的で、シリンダごとに専用のセンサが用意されています。

またシリンダのロット先端と部品をつなぐ際に、芯ずれを吸収するのがフローティングジョイントです。第3章で紹介したモータ軸をつなぐ際の軸継手と同じ役割を果たします。

配管継手

シリンダの各機器をつなぐ際には、配管継手を用います。流体を流すには密閉性が求められるため、ねじに傾斜がついたテーパねじを使用します。

ねじの表記方法は頭にテーパおねじはR、テーパめねじにはRcをつけ、この後にサイズを示します。サイズは独特な呼び方で1/8から順に「いちぶ」「にぶ」「さんぶ」「よんぶ」「ろくぶ」「いんち」と読みます。これは分母を8としたとき分子の数になります。「いんち」となっていますが、実際には1インチ25.4mmとは合っていません。

継手形状にはL形やT形などさまざまな形状があり、密閉性を高めるために、おねじにシール用テープを巻いてねじ込みます。また配管チューブとの接続は、容易に脱着できるワンタッチ継手やクイック継手を使用します。

ねじの呼び R おねじ Rc めねじ	読み方	おねじ「外径」 めねじ「谷の径」 (mm)
R1/8 Rc1/8	いちぶ	9.728
R1/4 Rc1/4	にぶ	13.157
R3/8 Rc3/8	さんぶ	16.662
R1/2 Rc1/2	よんぶ	20.995
R3/4 Rc3/4	ろくぶ	26.441
R1 Rc1	いんち	33.249

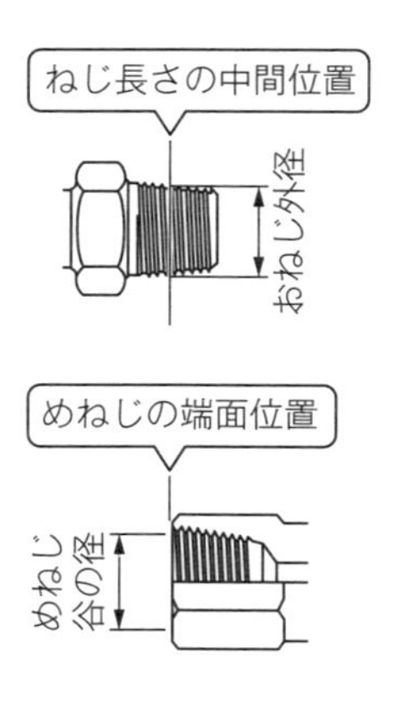

図5.18　テーパねじのサイズ

配管チューブ

配管チューブはナイロンやポリウレタン製なので、曲げやすく狭い箇所への引回しも容易です。カタログのチューブ径はチューブ外径を表し、シリンダのサイズや動作速度で最適値が求まりますが、通常は経験則で決めています。

市販品の外径のバリエーションにはφ4、φ6、φ8、φ10、φ12、φ16があります。圧縮空気を流すチューブと、真空を流すチューブは色を変えておくとわかりやすくて便利です。

一般的な配管の例

一般的には複動シリンダと「5ポート」「シングルソレノイド」「2位置」の電磁弁を用います。ダブルソレノイドや3位置の電磁弁はサイズが大きく価格も高くなるので必要な場合にのみ採用します。

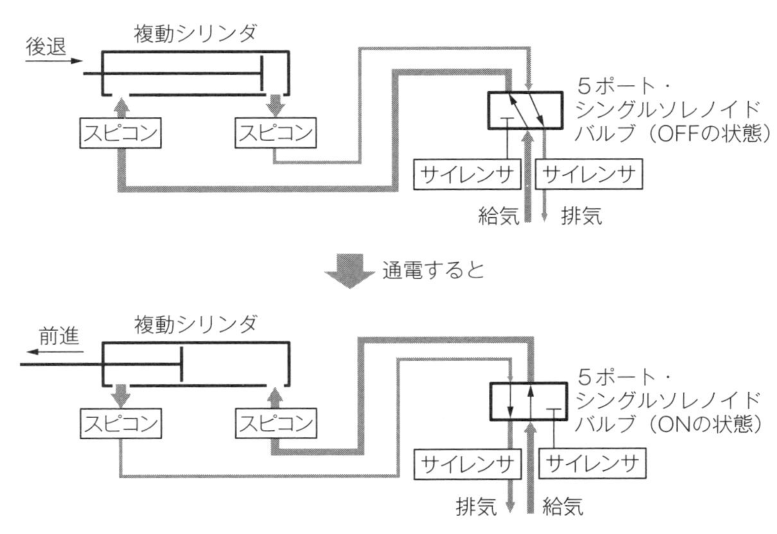

図5.19　シリンダと電磁弁の一般的な配管

真空機器

真空の用途

微小な部品や薄いシートをチャックする場合、メカ機構ではつかみにくい上に、たわみやきずのリスクが生じます。こうしたときには真空吸引が便利です。真空機器は機構がシンプルなうえに、優しく保持できることが可能です。

真空機器システムの構成

真空を発生させる真空ポンプを工場内に設置し、ここから分配して各機械に接続します。また、真空の使用量が多い場合には、機械ごとに真空ポンプを設置します。

機械に取り入れられた真空は「真空用減圧弁」で真空度を調整し、真空のON/OFFを「電磁弁」で切り換えます。真空吸引では大気中のホコリやチリも吸ってしまい、電磁弁の故障原因になるので、電磁弁と真空パッドの間に「真空用フィルタ」を取り付けます。

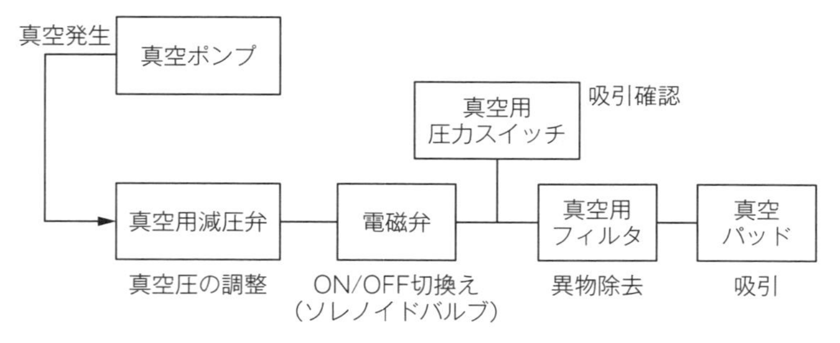

図5.20　真空機器のシステム

真空圧の読み方

大気圧以下の圧力が真空です。真空は圧縮空気と同じように、大気圧を基準とするゲージ圧力と、完全真空を基準とした絶対圧力がありますが、通常は前者のゲージ圧力を用います。

単位は「kPa」で、完全真空では「－101.3kPa」となります。大気圧を基準にしているので、マイナスの符号がつきます。

真空パッド

真空の弱点は、吸引する面にほんの少しのすき間があると真空圧が落ちて、吸引力がなくなってしまうことです。そこで、真空パッドといって、吸引面に密閉性の高いゴムを採用した部品が市販されています。丸穴形状や長穴形状などのバリエーションが揃っており、クッション機能を備えたベローズ式のパッドもあります。

吸引物が薄いシートの場合には、シートが吸引穴に吸い込まれてたわむため、無数の微細な穴でシートの全面を吸引する吸着プレートも市販されています。

3ポート電磁弁による真空破壊

電磁弁をOFFにした際には真空を大気圧に戻す必要があるため、2ポートではなく3ポート電磁弁を使用します。

このときに注意することがあります。吸引物にある程度の重量があれば、真空をOFFにして大気圧に戻すと真空パッドから自然に離れますが、軽量物やシートの場合は真空を切っただけでは吸引したまま離れないことがあるのです。この場合には、真空をOFFにすると同時に、軽く圧縮空気を流すことで強制的に離します。これを真空破壊と呼んでおり、図5.21のｂ図のように用います。このときの空気圧はそよ風程度の低いレベルで十分です。

(a) 真空のみの配管

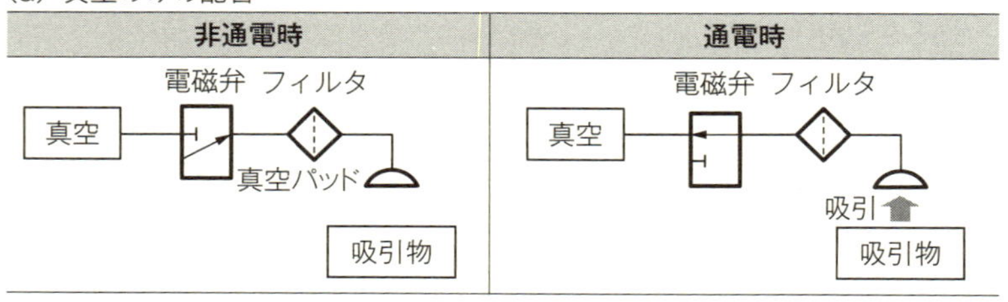

(b) 真空＋圧縮空気の配管（真空破壊）

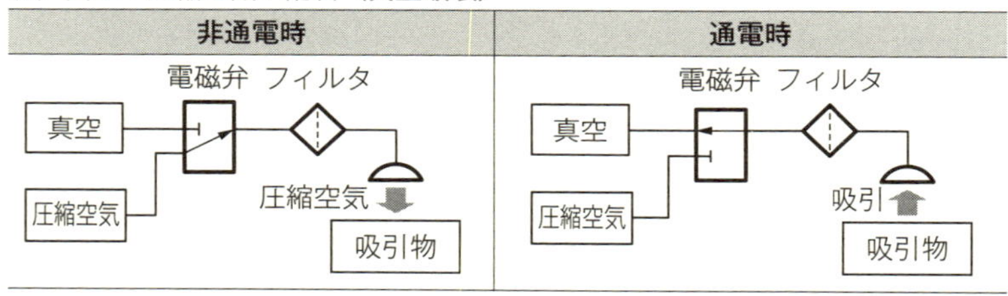

図5.21　真空用の配管事例

真空用フィルタ

通常の空気は予想以上にホコリやチリが浮遊しています。また吸引物の表面に異物が付着している場合もあり、この状態で真空吸引すると異物がそのまま電磁弁に流れ込み、故障や誤動作の原因になります。そこで、真空パッドから電磁弁の間に真空用フィルタを設置します。エレメントで粉塵を除去するシンプルな構造で、ろ過度は5 μmや10 μmなど選択が可能です（図5.22のａ図）。エレメントは簡単に交換が可能です。

真空用圧力スイッチ

真空吸引できたかの確認は、真空用圧力スイッチを使って行います（図5.22のｂ図）。図5.12のエアチャックではチャックの開閉度合いで保持の検知を行いますが、真空パッドの場合は変形がないために真空圧の変化を検知します。真空は吸引面に少しでもすき間があると、大気圧に近くなり吸引できないので、真空パッド内の圧力が設定の真空圧力になっていれば吸引できていると判断します。デジタル式の圧力スイッチは検出する真空圧の設定が容易に行えて便利です。

真空をつくる真空エジェクタ

真空をつくる手段には、真空ポンプのほかに真空エジェクタがあります。真空の使用量が多い場合には真空ポンプを使いますが、局部的に使う場合にはこの真空エジェクタが便利です（図5.22のｃ図）。

真空エジェクタは、側面に穴をあけた管に高速の圧縮空気を流すと、側面の穴の周辺の空気が吸引されて真空が発生するという原理を利用しています（同ｄ図）。すなわち圧縮空気があれば真空をつくることができるというユニークなもので、サイズも小型です。ただし常時大きな音が発生することと流量の少ないことが弱点です。

（a）真空用フィルタ

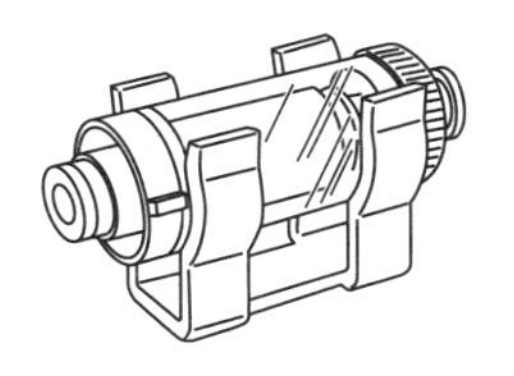

（b）真空用圧力スイッチ

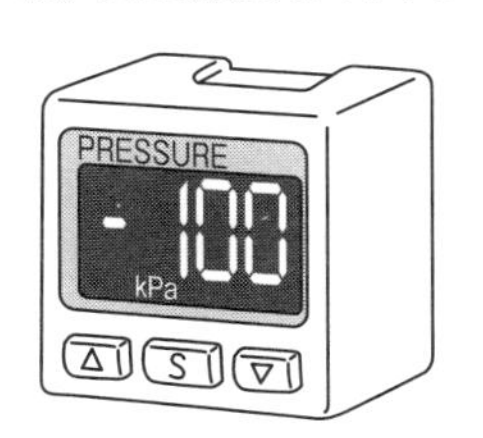

（c）真空エジェクタ

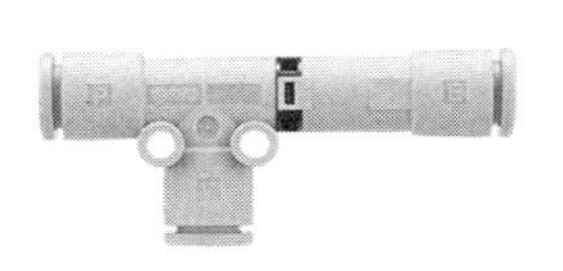

（d）真空エジェクタの構造

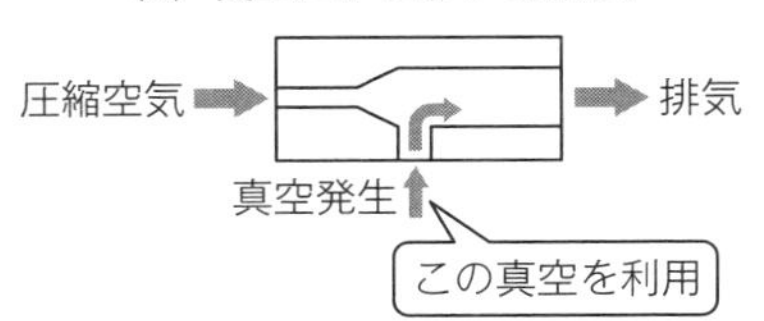

図5.22　真空機器

COLUMN

考え抜くことと試してみること

モノづくりでは「考え抜いて答えを出すこと」と、「とりあえずやってみて現場で答えを出すこと」の区別が大切です。機械設計は前者で、作業改善は後者になります。たとえば平板に開いた複数の穴に、ピンを順に差し込む作業があるとします。これを人が行うとき、平板を少し傾けた方が作業しやすいのか、効果があるとすれば何度の角度が好ましいのかは、いくら机上で考えても答えはでません。しかし実際に試してみれば、いとも簡単に答えは見つかります。もしうまくいかなかったとしても、その原因がわかるので、次の発想に活かすことができます。

一方、機械設計では、搬送物の重量や搬送スピード、停止位置精度、コストなどを検討して机上で最適解を出します。とりあえずつくってみて、ダメだったら改造するというスタンスはありえません。つくった後にトルクが足りないといって、ひと回り大きなモータに交換するなどは、大改造となって費用も時間もムダに過ぎていきます。

機械設計は机上で考えて少しでも違和感があれば、百発百中うまくいきません。理にかなっていないことは、必ず問題になるものです。だからこそ確信できるまで机上で考え抜かねばなりません。ときには評価用の簡易部品をつくって事前に試してみることも必要になってきます。

こうした苦労を重ねて完成したときの達成感と充実感は何ものにも代えられません。

材料の性質

材料の機械的性質

材料の３つの性質

材料には実に多くの種類があります。そこで、材料の特性表を読んで特徴を把握できるようになることが、材料知識を習得するコツです。材料の特性を見るには「機械的性質」「物理的性質」「化学的性質」の視点で理解すると便利です。

機械的性質は外部からの力に対する性質、物理的性質は重さや電気、熱に対する性質、化学的性質はさびなどの化学反応に対する性質のことです。では、機械に用いる部品には頑丈さが求められるので、機械的性質から見ていきましょう。

弾性・塑性・破断

材料に力が加わった際の変化をばねの例で見てみましょう。ばねの片側を固定して、もう一方を引っ張ると伸びが発生し、手を離せば元に戻ります。この性質を「弾性」といいます。

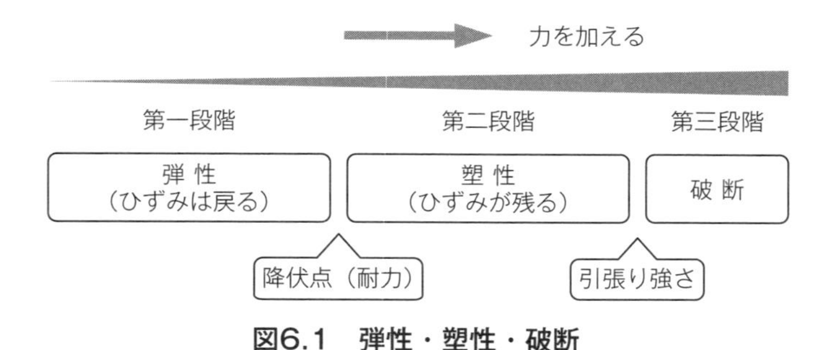

図6.1　弾性・塑性・破断

さらに引っ張ると伸びが大きくなりますが、手を離しても元に戻らなくなります。この性質を「塑性（そせい）」といい、さらに引っ張ると「破断」します。すなわち力を加えるにつれて、弾性から塑性そして破断に至ります。

これはどの材料にも共通する性質で、文房具のクリップは弾性を使った製品、アルミの灰皿は薄板を金型ではさみこんで塑性により凹形状にしたものです。旋盤やフライス盤といった工作機械では、大きな力を加えて破断させることで材料を削っています。このようにそれぞれの性質をうまく利用しています。

材料の強さは剛性と強度で見る

機械部品の材料は力を受けた際に変形しにくく、変形しても元に戻ることが求められます。これが「剛性」と「強度」です。剛性は変形のしにくさ、強度は弾性範囲の広さと破壊のしにくさを表します。

剛性の変形量は、鉄鋼、アルミニウム、銅といった材料の大分類で決まります。すなわち鉄鋼材料であれば、安価な炭素鋼SS400でも高価な合金鋼のクロモリ鋼でも変形量は同じです。

この変形の度合いは縦弾性係数で表され、この数値が大きいほど変形しにくいことを意味します。たとえば鉄鋼材料の縦弾性係数は206×10^3N/mm^2、アルミニウム材料は71×10^3N/mm^{2}なので、形が同じならばアルミニウム材料は鉄鋼材料の３倍大きく変形することがわかります。

伸びの変形量

では、材料の変形を伸びとたわみに分けて見てみましょう。引張りの力を受けた際の伸び量はシンプルな式で計算できます。

伸び量＝((力の大きさ／断面積)×元の長さ)／縦弾性係数

伸び量を小さくするには「受ける力を小さく」「断面積を大きく」「長さを短く」「縦弾性係数の大きな材料を選ぶ」ことがポイントです(図6.2のａ図)。

たわみの変形量

次に、材料の横方向から力を受ける際のたわみ量を見てみましょう。保持のしかたと力の受け方で計算式が異なりますが、片方が固定で、もう一方の先端に力を受けた場合のたわみ量を見てみましょう。

たわみ量＝(力の大きさ×(長さの３乗))／(３×断面二次モーメント×縦弾性係数)

この断面二次モーメントという係数は、断面形状による変形のしにくさを表します。たわみ量を小さくするには「受ける力を小さく」「長さを短く」「断面二次モーメントが大きくなる断面形状」「縦弾性係数が大きな材料」で設計することがポイントです（図6.2のｂ図）。

(a) 伸び量の計算式

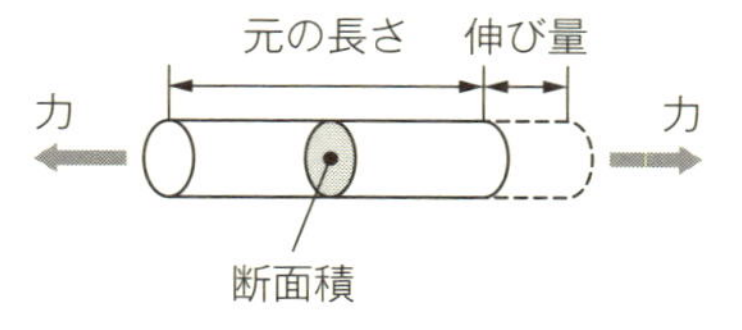

$$伸び量 = \underbrace{\frac{力の大きさ}{断面積} \times 元の長さ}_{設計で決まる数値} \times \underbrace{\frac{1}{縦弾性係数}}_{材料で決まる数値}$$

(b) たわみ量の計算式

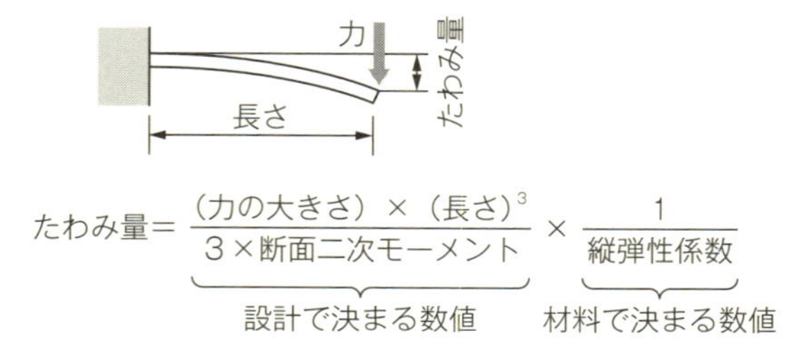

図6.2　変形量の計算式

断面形状で決まる断面二次モーメント

では、断面形状によってたわみ量がどのように変わるのかを見ていきましょう。断面が四角の場合は、断面二次モーメント＝(幅×(高さの３乗))/12になります。ここに厚み２mm×50mmの板材があったとします。ここで幅50mmで高さ２mmの向きの断面二次モーメントは50mm×（２mmの３乗）/12≒33.3mm^{4}です。

一方、幅２mmで高さを50mmの向きにすると、断面二次モーメントは２mm×(50mmの３乗)/12≒20833mm^{4}となり、比率は625になります。これは同じ断面形状でも力を受ける向きを変えることで、たわみ量を625分の１にできることを意味します。このようにたわみ量を減らすには高さは３乗で効くので、幅を広げるよりも圧倒的な効果があります。

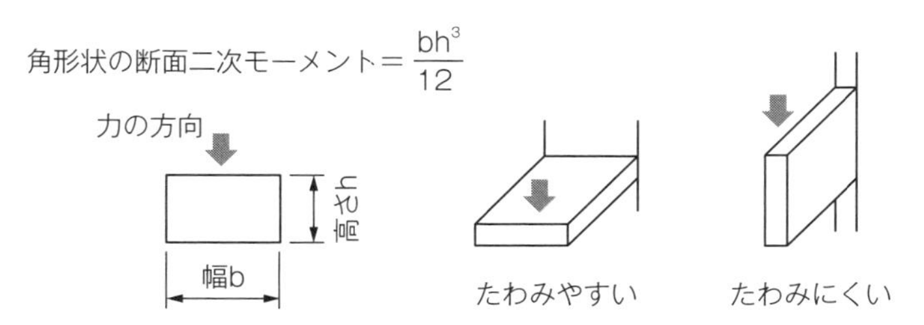

図6.3　角形状の断面二次モーメント

断面形状	断面二次モーメント	断面形状	断面二次モーメント
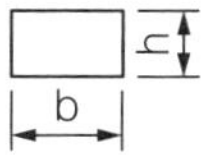 b, h	$\frac{bh^3}{12}$	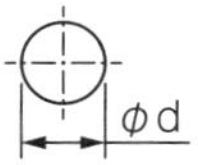 ϕd	$\frac{\pi}{64}d^4$
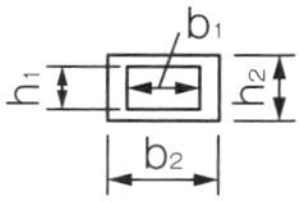 b_1, h_1, b_2, h_2	$\frac{1}{12}(b_2h_2^3 - b_1h_1^3)$	 内径 ϕd_1 外径 ϕd_2	$\frac{\pi}{64}(d_2^4 - d_1^4)$

図6.4　形状による断面二次モーメント

実務では断面形状を工夫する

以上より、変形量を少なくするには、材料の選択よりも断面形状を工夫する方が効果的です（図6.4）。

機械部品に使用するのは鉄鋼材かアルミニウムです。アルミニウム材料は剛性が低く価格も高い一方、軽さが魅力です。この軽さを活かしながら断面形状を工夫することで、剛性を格段に強くすることが可能です。また鉄鋼材料を使う場合でも、さらに小さいサイズで軽く対応できるようになります。

弾性範囲内で使用する

変形のしにくさの「剛性」の次に、「強度」を見てみましょう。材料特性表には「降伏点」と「引張り強さ」の数値が載っています。降伏点とは弾性から塑性に移る際の力の大きさで、引張り強さは破断に至る力の大きさです。すなわち降伏点の大きさの力が加われば変形は元に戻らなくなり、引張り強さの力が加われば破断します（図6.1）。

機械部品は弾性範囲すなわち降伏点以下で使用することが基本です。

降伏点の検証は不要

ではここで降伏点の扱いについて見てみましょう。鉄鋼材料の汎用材であるSS400の降伏点は245N/mm^{2}です。ニュートンのN表示をkg表示に変換すると、9.8で割って25kgf/mm^{2}です。さらに１mm角はイメージしにくいので１cm角に変換すると、100倍して2500kgf/cm^{2}です。2500kgfは軽自動車２台分くらいでしょうか。一般的な機械で１cm角にこれほど大きな力が加わることは少ないでしょう。

以上から、設計で毎回降伏点を検証する必要はありません。ただし大きな力がかかる建設機械や、エレベータのワイヤ設計など人命にかかわる箇所は、安全率も考慮して検証することが必須です。

図6.5に主な金属材料の強さを示します。

分 類	品種例	剛 性	強 度	
		縦弾性係数 × 10^3N/mm^2	降伏点（耐力）N/mm^2	引張り強さ N/mm^2
鉄鋼材料	SS400	206	245	400
アルミニウム合金	A5052	71	215	260
銅合金	C2600	103	—	355

図6.5　主な材料の強さ

硬さと粘り強さ

ここまで材料の「強さ」について見てきましたが、機械的性質には他に「硬さ」と「粘り強さ」があります。

硬さは材料表面の抵抗力を表し、試験片を押しつけた際のキズの大きさを硬度という指標で数値化しています。粘り強さは衝撃力に対する抵抗力を表し、その反対はもろさになります。

ところが、強さと硬さは比例するのに対して粘り強さは反比例になります。すなわちどの材料も強く硬くなるほどもろくなってしまいます。そこで、硬く粘り強くする処理が、後で紹介する熱処理の「焼入れ・焼戻し」です。

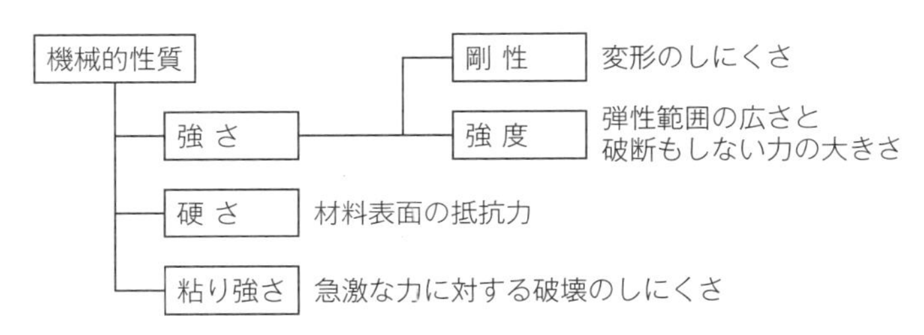

図6.6　機械的性質

材料の物理的性質と化学的性質

重さを表す密度

重さは「密度」で表します。基準は水の1g/cm^{3}で、鉄鋼材料は7.87g/cm^3、アルミニウム材料は2.70g/cm^{3}です。同じ大きさなら、アルミニウムは鉄鋼材料の3分の1の軽さです。ここで鉄鋼材料の7.9kgf/cm^{3}の数値とアルミニウムの3分の1は覚えておくと便利です。

なお「比重」は基準となる水との比率を表すので、数値は密度と同じですが、単位はありません。余談ですが、アルミニウムの1円玉はちょうど1gです。

熱による伸びを表す線膨張係数

材料に熱が加わると膨張します。鉄道の線路のつなぎ目にすき間があいているのは、夏場の熱膨張を考慮したものです。熱に対しては「伸び量」と「伝わるスピード」の2つの視点があります。

まず前者から見ていきましょう。伸びの度合いを表したものが線膨張係数で、この係数が大きいほど伸びやすい材料になります。

伸び量＝線膨張係数×元の長さ×上昇温度（図6.7）

鉄鋼材料の線膨張係数は11.8×10^{-6}/℃で、アルミニウム材料は23.5×10^{-6}/℃なので、アルミニウム材料は鉄鋼材料に比べて2倍近く伸びます。

一方、プラスチックのポリエチレンの線膨張係数は180×10^{-6}/℃となり、金属材料の10倍以上の伸びが発生します。すなわちプラスチック材料に高精度の寸法公差を入れる場合には、使用環境の温度を考慮しなければ意味がなくなってしまいます。なお図面に指示された寸法公差はJIS規格で20℃での保証値と定められています。

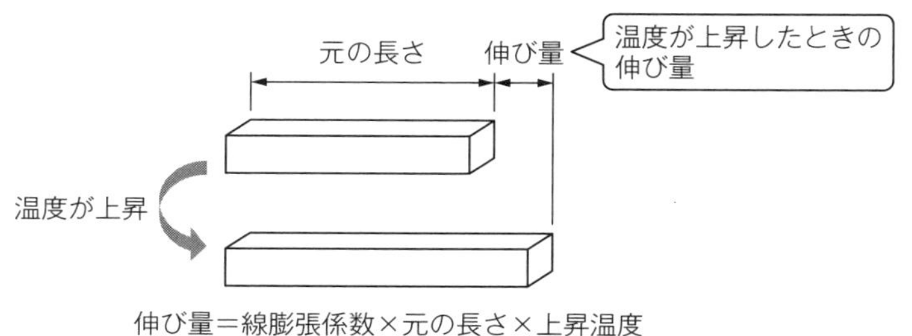

図6.7　線膨張係数

熱が伝わるスピードは熱伝導率

熱が高温側から低温側に伝わる現象を熱伝導といいます。この伝わるスピードの度合いを表すのが「熱伝導率」で、数値が大きいほど熱を伝えやすい材料です。

鉄鋼材料の熱伝導率は80W/(m･K) に対して、アルミニウム材料は237W/(m･K) なので、鉄より3倍熱を伝えやすいことがわかります。放熱したいときには熱伝導率の高い材料を、保温したい場合には低い材料を選定します。市販の断熱材や発泡スチロールは0.03～0.05W/(m･K) と3桁も小さいので、生鮮食料品の輸送用の冷凍ケースとしても広く用いられています。

電気の流れやすさを表す導電率

電気の流れやすさは導電率で表されます。導電率の数値は大きいほど電気が流れやすいことを意味します。

主な材料の数値の低いもの（流れにくいもの）から順に並べると、鉄 → アルミニウム → 金 → 銅 → 銀になります。電線にはコスト面も考慮して主に銅やアルミニウムが使用されています。

次ページの図6.8に主な材料の物理的性質を示します。

分 類	材料の種類	密 度	線膨張係数	熱伝導率	導電率
		g/cm³	×10⁻⁶/℃	W/(m·K)	×10⁻⁶S/m
金 属	鉄	7.87	11.8	80	9.9
	アルミニウム	2.70	23.5	237	37.4
	銅	8.92	18.3	398	59.0
非金属	ポリエチレン	0.96	180	約 0.4	流れない
	コンクリート	2.4	7～13	約 1	流れない
	ガラス	2.5	9	約 1	流れない
数値が大きいほど		重い	伸びやすい	熱を伝えやすい	電気が流れやすい

図6.8　主な材料の物理的性質

良性の黒さびと悪性の赤さび

さびは水分と酸素の反応により生じます。このさびは大敵と思われていますが、良性の黒さびと悪性の赤さびの２種類あります。良性の黒さび（Fe_3O_4）は非常に緻密な皮膜のため、いったん材料表面を覆えば、その後は水分も酸素も通さないので、材料を守る役目を果たします。一方、悪性の赤さび（Fe_2O_3）の皮膜はすき間が多いので、そこから水分と酸素が入り込み、はてしなく材料をむしばんでいきます。

すべてが黒さびであればいいのですが、残念ながら黒さびは自然現象では発生せず、鉄鋼メーカーなどで鉄を溶かしたあとの冷却途上と、黒染め（クロゾメ）と呼ばれる表面処理でしか発生しません。市販の鉄鋼材料で「黒皮材」とあるのは、表面にこの黒さびが形成された材料のことを指します。

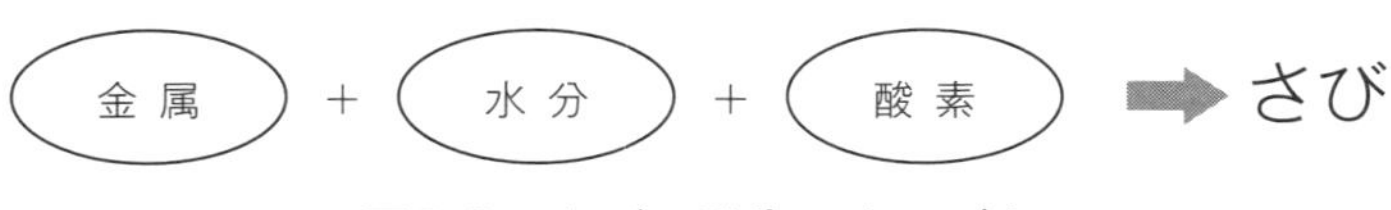

図6.9　さびの発生メカニズム

主な材料の特徴

材料の全体像をつかむ

材料は大きく「金属材料」「非金属材料」「特殊材料」に分類されます。金属材料には鉄鋼・アルミニウム・銅など、非金属材料にはプラスチック・セラミックス・ゴムなどがあります。特殊材料はメーカーが独自の技術で開発した機能材料や、２種類以上の異なる材料を組み合わせた複合材料として、繊維をプラスチックの中に入れて強度を向上させた繊維強化プラスチックなどがあります。

これら多くの中で、機械の部品には鉄鋼材料が圧倒的によく使われています。それは「強く」「安価で」「入手しやすく」「加工も容易で」「熱処理で性質を変えることができる」からです。

炭素鋼・合金鋼・鋳鉄

鉄鋼材料は「炭素鋼」「合金鋼」「鋳鉄」に分かれます。SS400やS45Cなどの炭素鋼はもっともよく使われる汎用材料です。形状と寸法のバリエーションが揃っており、どの材料商社でも扱っていて、即日入手可能な材料です。

次に、ステンレス鋼やクロモリ鋼などの合金鋼は、炭素鋼にクロムやニッケル、モリブデンなどを加えることで、強さや耐熱性や化学的に安定した性質を持たせた材料です。優れた性質を持つ反面、価格は高くなるので、炭素鋼で解決できない場合に合金鋼を使用します。

最後の鋳鉄は鋳物の材料です。先の炭素鋼と合金鋼は削ったりプレス加工することで形をつくりますが、鋳鉄は熱で溶かして型に流し込むことで形をつくります。冷やせば一発で形ができるので加工効率が良く、大量生産に向いています。

炭素の含有量

鉄鋼材料の性質にもっとも影響を与えるのが炭素の含有量です。鉄100%の純鉄は軟らかすぎて実用に適しません。そこで炭素を含ませることで硬さをコントロールしており、炭素の含有量が増えるほど硬くなります。炭素量によって、0～0.02%を「純鉄」、0.02～0.3%を「軟鋼」、0.3～2.1%を「硬鋼」、2.1～6.7%を「鋳鉄」に分かれます。純鉄は用途がないので、軟鋼からが実用領域になります。

JIS規格の品種設定

では、実務で使われる炭素鋼は炭素量がどの領域にあるのでしょうか。炭素の含有量の少ない方から順に見ていきましょう（図6.10）。

まず、SPC材（SPCCなど）は0.1%以下の領域、次にSS材（SS400など）は0.1～0.3%の領域、S-C材（S45Cなど）は0.1～0.6%の領域、そしてSK材（SK95など）は0.6～1.5%の領域、最後に鋳鉄FC材（FC250など）は2.1～4%の領域に設定されています。

ここで不思議なことは、S-C材の0.1～0.3%がSS材の領域と重なっていることです。これは、熱処理の一種である浸炭焼入れのときにこの領域のS-C材を使用するためで、通常S-C材は0.3%～0.6%の領域を用います。

では、代表的な炭素鋼の特徴を見ていきましょう。

SPCC（冷間圧延鋼板）

エス・ピー・シー・シーといい、3.2mmまでの薄板にはこのSPCCを使います。表面はとてもなめらかでキレイな面で、厚みのバリエーションも揃っています。炭素の含有量は0.1%以下で軟らかい材料なので、カバーやセンサの取付けブラケットに適しています。平板のまま使ったり、折り曲げて使用します。

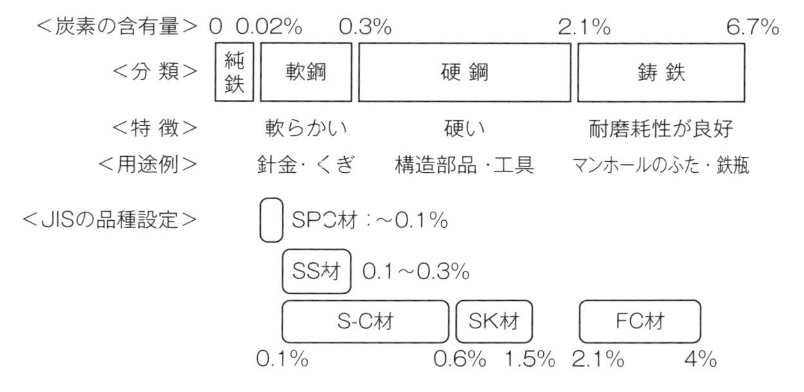

図6.10　JIS規格の品種設定

SS400（一般構造用圧延鋼材）

エスエス・ヨンヒャクといい、もっとも汎用的に使われる鉄鋼材料です。安価で鋼板や棒材、形鋼など多くの形状と寸法のバリエーションが揃っています。400は引張り強さ400N/mm^{2}を意味します。昔の図面ではSS41と表示されていました。この頃は単位がkgf/mm^{2}だったためで、41kgf/mm^2×9.8≒400N/mm^{2}というわけです。

表面の状態が良いので、できるだけ表面をそのまま使うようにします。材料の内部には方向も大きさもバラバラの力（内部応力）がありますが、うまく釣り合った状態になっています。しかし、表面を削るとそのバランスが崩れて、加工の反りとして出てきます。この内部応力は目に見えるわけではなく、材料一品ごとに異なるので、削ってみなければはわからないのが、やっかいなところです。

そこで、SS400は表面を大きく削らない部品に使用し、大きく削る場合には市販の焼なまし材（焼鈍材）や次に紹介するS45Cの使用を検討します。SS400は溶接にも適した材料ですが、後の熱処理の項で解説するように、炭素量が少ないために焼入れ・焼戻し効果はありません。

S45C（機械構造用炭素鋼鋼材）

エス・ヨンゴー・シーといい、SS400に次いでよく使われる材料です。45は炭素の含有量0.45％を意味します。SS400よりも炭素の含有量が多く、S45CはJIS規格で成分の規定もあるので、成分の規定が無いSS400よりも価格は１～２割ほど高めです。規格上はS10C～S58Cまでありますが、実務ではS45CやS50Cがよく使われています。

通常はそのまま生材で使用しますが、必要ならば焼入れ・焼戻しを行います。一方、溶接は溶接後の冷却で割れが生じるリスクがあり、また溶接の熱で焼きが入って硬くなるため、溶接品はできるだけSS400を用います。

SK95（炭素工具鋼鋼材）

エスケー・キューゴーといい、炭素含有量が0.95％の材料です。旧JIS規格では、SK4と表していました。硬さと耐摩耗性が優れており、摩擦や衝撃を受ける部品に適しています。

一方、和名は工具鋼になっていますが、SK材は高温になると硬さが低下するので、実際には工具には使用されません。多くの市販工具は合金鋼の高速度工具鋼や超硬合金を使っています。

ステンレス鋼（SUS材）

合金鋼の中でもっとも身近に使われているのがステンレス鋼です。鉄にCr（クロム）を12％以上添加したもので、表面に酸化クロムの緻密な皮膜をつくることで母材を守っています。膜厚は100万分の１mmと非常に薄いのですが、きずにより皮膜が破れても瞬時に再生するのが大きな特徴です。一方、加工性や溶接性はよくありません。

ステンレスの品種はCrとNi（ニッケル）の含有率で大きく３つに分かれます。含有率の多い方からCr18％とNi８％の「18-8系ステンレス」、Cr18%の「18Cr系ステンレス」、Cr13%の「13Cr系ステンレス」です。これらの含有率は高いほど高価になるので、18-8系（SUS304など）は高級品、18Cr系（SUS430など）は並品、13Cr系（SUS440Cなど）は低価格品のイメージです。

ステンレスの代表選手はSUS304で、磁性がなく磁石に吸着しないのが特長です。身近なところでは、キッチンの流し台に使われています。同じ18-8系のSUS303は加工性を向上させた材料です。

FC250（ねずみ鋳鉄品）

エフシー・ニーゴーマルといい、250は引張り強さ250N/mm^{2}を表します。SS400の400N/mm^{2}よりも数値は低いのですが、圧縮強さは引張り強さの３～４倍あるので、機械部品に鋳鉄を使用する際には圧縮方向に力を受ける設計を行います。さらに強度の高い鋳鉄がFCD（球状黒鉛鋳鉄品）になります。

アルミニウム系材料

アルミニウムは、鉄鋼材料と比べて「３の比率」の性質が多くあります。鉄鋼材料に比べて３分の１の軽さで、縦弾性係数も３分の１なのでたわみは３倍になります。熱の伝導率も同じく３倍です。

鉄鋼材料よりも強さは劣りますが、超々ジュラルミンのA7075の引張り強さは570N/mm^{2}でSS400の強さを超えます。

切削の抵抗が小さく、熱の伝導率が良いので切削熱が逃げやすく加工性に優れます。またステンレスと同じく表面に酸化皮膜をつくるので、耐食性にも優れます。非磁性で見栄えが良いことも特徴の１つです。

一方、熱が逃げやすく、表面が酸化しやすいために溶接性は劣ります。高温になると強さが下がるので200℃以下で使用します。機械部品にはA5052やA6063が良く使われます。

銅系材料

銅の最大の特徴は、熱伝導率と導電率の良さです。価格が高く鉄鋼材料よりも少し重いので、機械部品には適しません。品種により加工性は分かれ、黄銅（真ちゅう）は良く、リン青銅やベリリウム銅といった銅合金は加工しにくい材料です。

銅は他の金属が苦手とする塩分に対して良好な耐食性を持ちます。この特性を活かして、１円玉のアルミニウム以外の硬貨はすべて銅合金です。金以外で唯一黄金色なので、工芸品にも多く使われています。

プラスチック材料

身の周りにはプラスチック製品があふれています。それは、「軽くて」「透明や色付けが容易で」「加工法が大量生産に向いている」からです。一方、強さと熱には弱いため、機械部品での用途は透明カバーや搬送パレット、治具に限られます。

透明カバーに使用する材料には、「塩ビ（えんび）」と呼ばれるポリ塩化ビニルが適しています。安価な上に粘りがあるので、衝撃にも強い材料です。一般的なカバーであれば透明度も問題ありません。過去にダイオキシンの問題を指摘されましたが、これは材料自体の問題ではなく、焼却炉での焼却温度が原因だったため、今では問題ありません。

比較的強さのあるプラスチック材料にポリカーボネイトがあり、透明度が必要な部品に適します。身近にはヘルメットやサングラスに用いられています。

性質を変える熱処理と表面処理

熱処理と表面処理の狙い

形を変えずに性質を変える処理には、熱処理と表面処理があります。熱処理は材料そのものの性質を変える処理で、表面処理は材料の表面に薄い皮膜をつけることで新たな性質を加える処理になります。

熱処理とは

熱処理は加工法の一種で、材料に熱を加えてから冷やすことで、材料の性質を変えます。硬く、粘り強くする「焼入れ・焼戻し」、逆に軟らかくする「焼なまし」、標準の硬さに戻す「焼ならし」があり、最大のポイントは冷却のスピードです。焼入れ・焼戻しでは急冷、焼なましでは空冷、焼ならしでは炉冷になります。炉冷とは熱した炉の中に入れたまま電源を切って、ゆっくりと時間をかけて冷やす冷却方法です。

一方、表面だけを硬く粘り強くするものの内部は軟らかいままにする熱処理に「高周波焼入れ」と「浸炭焼入れ」があります。

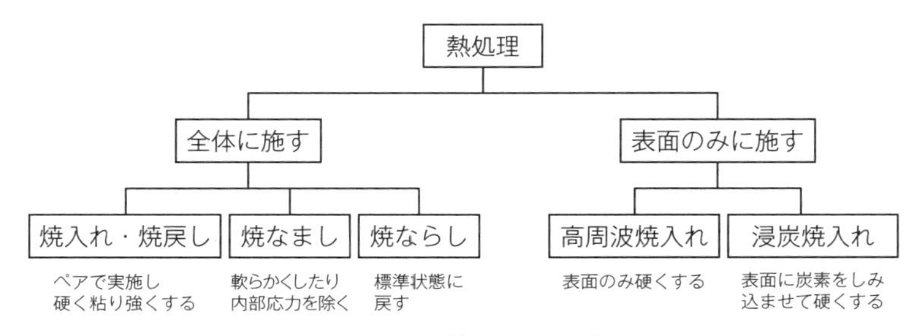

図6.11　熱処理の分類

焼入れ・焼戻し

材料は「硬く」なるほど「もろく」なります。これを「硬く」「粘り強い」性質に変えるのが、焼入れ・焼戻しです。焼入れで硬くして、焼戻しで粘り強さを出します。炭素量が0.3%以上で効果が出て、炭素量が増えるほど硬くなります。SS400は炭素量が0.3%以下なので焼入れ効果はありません。

また硬さの向上は0.6%で頭打ちになりますが、炭素量0.6%以上のSK材（SK95など）はさらに耐摩耗性が向上します。

焼なましと焼ならし

焼なましは焼鈍（しょうどん）ともいいます。冷間加工などによる加工硬化で硬くなった材料を軟らかくして、加工性を向上させるのが「完全焼なまし」です。鉄鋼材料だけでなく銅でも行う熱処理です。

また材料内部にひそんでいる応力は、加工時の反りや加工後の時間の経過とともに変形を引き起こす原因になります。この内部の応力を除去するのが「応力除去焼なまし」です。

焼ならしは、圧延や鋳造、鍛造などの加工により変形した金属組織を均一化して、硬からず軟らかずの標準状態に戻します。

高周波焼入れ

表面だけでなく内部まで硬く粘り強くする焼入れ・焼戻しに対して、高周波焼入れと次に紹介する浸炭焼入れは、材料の表面だけを硬く粘り強くする処理です。狙いは硬さの二重構造です。表面の硬度をあげて内部は軟らかいままにすることで、衝撃に強く耐摩耗性を上げることができます。部品形状に合わせたコイルを巻いて高周波電流を流すことで、必要な箇所だけを熱処理します。シャフトや歯車の焼入れに適しています。

浸炭焼入れ

炭素含有量が0.3%以下のS20Cなどの表面に炭素を浸み込ませる浸炭処理を行うと、表面の炭素含有量が0.8%レベルまで上がります。この状態で焼入れ・焼戻しを行うことで、表面をカチカチに硬く、内部は軟らかいままの二重構造をつくります。

パチンコ玉は浸炭処理を行うことで、衝撃を吸収し割れを防いでいます。

表面処理とは

材料の表面に薄い膜をつける方法として「塗装」と「めっき」があります。塗装は樹脂系材料を、めっきは金属系材料を用います。どちらも狙いは防錆や装飾性です。

塗装は安価な反面、膜厚のばらつきが大きく、機械では膜厚精度を必要としないフレームやカバーに適しています。一方、めっきは膜厚の精度が良好なので、機械部品に適しています。

鉄鋼材料へのめっき

①黒染め（クロゾメ）…防錆

化学反応で良性の黒さびをつける処理です。膜厚が１μmと薄く、高精度な部品の処理に適しています。安価な反面、他のめっきと比べて防錆効果は劣ります。

②クロメート…防錆

亜鉛めっきした後にクロメート皮膜をつける処理です。膜厚のコントロールは難しいので、高精度部品には適しません。光沢クロメート(ユニクロ®)、有色クロメート、黒クロメートの３種類の６価クロメートが安価で広く使用されてきましたが、現在は安全面の配慮から３価クロメートに移行しています。

③無電解ニッケルめっき…防錆

化学反応でニッケルの皮膜を形成します。1μm単位で膜厚が指定できるので高精度部品に適しています。常用厚は3～10μmです。

④硬質クロムめっき

クロムの皮膜を形成するため、硬く耐摩耗性と耐食性に優れます。膜厚指定が可能で、常用厚は5～30μmです。

⑤フッ素樹脂含浸無電解ニッケルめっき

無電解ニッケルをベースに、フッ素樹脂を複合させた表面処理です。耐摩耗性・すべり性・非粘着性に優れ、なめらかで硬い表面を持ちます。常用厚は10～15μmで、ニダックス®がよく知られています。

アルミニウム材料へのめっき

アルミニウム材料へのめっきでは、膜厚に注意が必要です。鉄鋼材料のめっき厚はそのまま材料寸法に加算されますが、アルミニウムへのめっきではめっき膜厚の半分はアルミニウムの素材に侵食するため、寸法の増加はめっき厚の半分になります。たとえば、膜厚10μmの指定の場合には、寸法の増加は半分の5μmになります。

①アルマイト

酸化皮膜を形成し、耐食性を向上させるのが狙いです。透明な膜なので素材のアルミニウムの色をそのまま反映します。常用厚は5～15μmです。

②硬質アルマイト

硬さや耐摩耗性を求める際には、硬質アルマイトの処理を行います。常用厚は20～50μmです。

③フッ素樹脂コーティング

硬質アルマイトにフッ素樹脂を複合した皮膜で、タフラム®がよく知られています。耐摩耗性、摺動性向上、かじり防止の特徴を持ちます。常用厚は30～50μmです。

高精度なめっき法

前述のめっきは一般的に用いられる湿式の表面処理ですが、高価な材料を極めて薄い膜厚で精度よくめっきする方法として乾式のめっきがあります。金属を加熱・蒸発させて対象物の表面に膜をつくります。膜厚は数μm以下のレベルが可能です。

これらの高精度なめっき法として、真空蒸着やスパッタリング、イオンプレーティングがあります。

さびを防ぐ方法

この章の最後に、さびを防ぐ主な方法を以下にまとめます。

①酸化皮膜で保護されたステンレスやアルミニウムを使用する
②油やグリスなどの防錆剤を塗布する（保全が必要）
③塗装を行う
④めっきを行う
⑤真空梱包を行う
⑥さびにくい環境で使用する
（低湿度、塩分濃度が高い沿岸部を避ける）

COLUMN

CADの弱点をカバーする

昔と現在では設計の方法が大きく変わりました。もっとも大きな変化はCADの出現です。昔はドラフターと呼ばれる製図板に方眼紙を貼り付けて鉛筆で描いていましたが、この手描きには大きな利点がありました。ドラフター上の図面は誰でも見ることができるので、新人にとっては、先輩が描く様子がリアルタイムで見えるわけです。どこから線を引くのか、どれくらいのスピードで描いていくのかが手に取るようにわかります。逆に先輩方は新人がどこで悩んでいるのかがひと目でわかるので、いろいろなアドバイスを出すことができました。

しかしCADでは、こうした情報共有はほとんどなくなりました。CADのモニターは第三者には見えにくい上に、尺度が原寸ではないので、肌感覚でつかみにくいことが弱点です。その一方、CADの最大の利点は製図効率です。計画図を描けば、そのまま部品図・組立図に容易に展開できることです。計画図が完成したら、またいちから部品図と組立図を描いていたドラフターの手描きとは雲泥の差です。

そこで、CADの利点を最大に活かしながら、その弱点をカバーすることが大切です。まず計画図を作成する途中で「原寸の大きさに印刷して、机の上に広げて眺めること」です。これにより原寸感覚を取り戻します。また「印刷した図面を先輩に診てもらって、アドバイスをもらうこと」です。聞くことは決して恥ずかしいことではありません。完成までにこれを繰り返すことで、図面の質も向上し、設計スキルも身に付いてきます。

第7章 機械加工のポイント

削って形をつくる切削加工

機械加工の何を知っておくべきか

設計者は自分自身で加工するわけではありません。しかし、自身で考えたモノを「図面どおりに」「安く」「早くつくる」ことができる加工法を知っておく必要があります。図面を描いてから加工法を考えるのではなく、加工法をイメージしながらモノの形を考えます。

一方、工具の最適な回転数や送り量といった加工条件については、加工のプロに任せしましょう。

加工は図7.1のように大きく５つに分類することができます。なお「熱処理と表面処理」は材料の性質を変える加工なので、第６章で紹介しています。

加工の大分類		特徴	加工名称
切削加工 削って形をつくる		加工精度が高い 加工時間を要する	旋盤加工 フライス加工 穴あけ加工 研削加工　など
成形加工 型を使って変形させる		一発で形をつくる 大量生産向き 加工精度は劣る	板金加工 鋳造 射出成形 鍛造　など
接合加工 材料同士を接合する		コストダウン	溶接 ろう付け 接着
特殊加工 局部的に溶かす		力をかけない加工 複雑な形状が得意	レーザー加工 放電加工 エッチング ３Ｄプリンタ
熱処理・表面処理 材料の特性を変える		形は変えない 硬さを変える さびを防ぐ	焼入れ・焼戻し 焼なまし、焼ならし 各種表面処理

図7.1　加工の５つの大分類

切削加工の分類と特徴

工具で材料の不要な箇所を削って形をつくる加工法が切削加工です。加工精度が高い反面、加工に時間を要します。機械部品はこの切削加工がよく用いられ、加工形状により下記の種類があります。

①丸形状に削る「旋盤加工」

②角形状に削る「フライス加工」

③穴やねじをあける「穴あけ加工」

④表面を砥石で仕上げる「研削加工」

⑤完全な平面に仕上げる「きさげ加工」

丸形状に削る旋盤加工

携帯用の鉛筆削りは、鉛筆を回転させて削ります。旋盤はこれと同じく、工作物を回転させて、工具を前後左右に動かしながら丸形状に削ります。旋盤には、基本となる普通旋盤、丸形状の端面を削る正面旋盤、普通旋盤を垂直に立てた構造の立て旋盤、そして自動化されたNC旋盤があります。

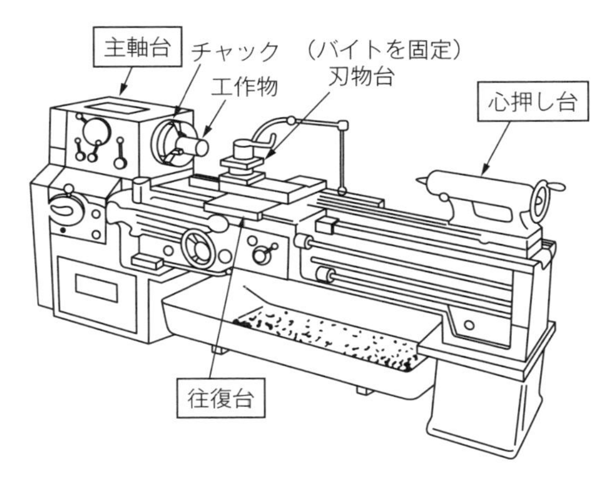

図7.2　普通旋盤の構造

旋盤工具のバイトの当て方によって、外周加工、溝加工、端面加工、ドリル加工（穴加工）、中ぐり加工、めねじ加工、おねじ加工があり、加工ごとに専用のバイトを用います。加工精度の目安は、寸法精度は「±0.02」、表面粗さは「Ra1.6（▽▽▽）」のレベルです。

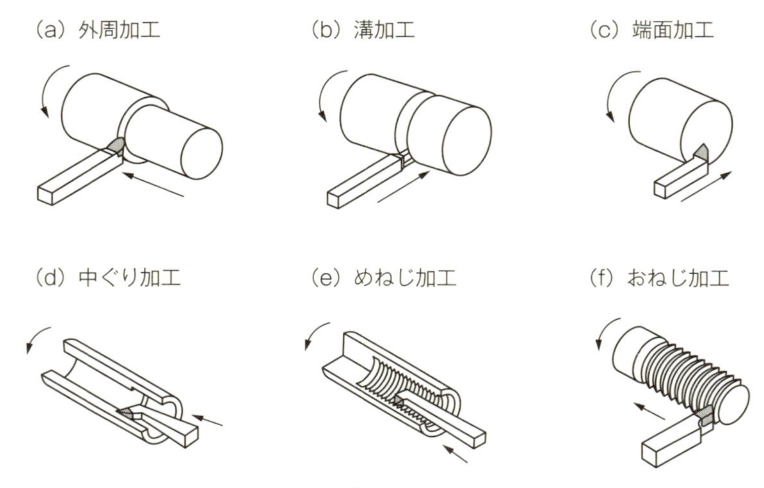

図7.3　普通旋盤の加工例

もっとも加工効率の良い丸形状

「図面どおりに」「安く」「早く」加工するには、加工そのものを減らすことが一番です。では、理想の形を考えてみましょう。角形状の６面に対して、丸形状の面数は外周と両端面合わせて３面です。丸形状は角形状に比べて半分の面数なので、加工効率は圧倒的に優位になります。一方、丸形状も角形状も市販寸法に合わせることで、さらに加工面数を減らす工夫を行います。

もう１つ丸形状が優位な点は、同じものを複数個つくる場合です。旋盤で材料を長めに加工して、右端面から所定の寸法に切り落としていけば、連続して同じものを完成させることが可能です。

角形状に削るフライス加工

構造は旋盤と大きく異なり、工具は回転のみで、工作物が前後・左右・上下に動いて角形状に削ります。フライス盤の種類は標準の立てフライス盤、回転軸が横向きの横フライス盤、自動化されたNCフライス盤や無人運転できるマシニングセンタがあります。

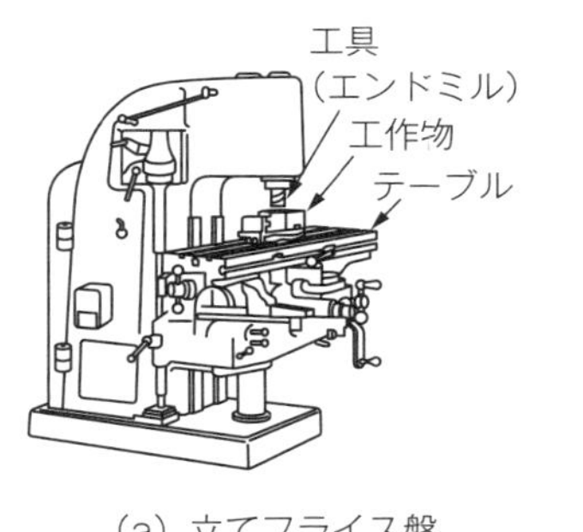

（a）立てフライス盤

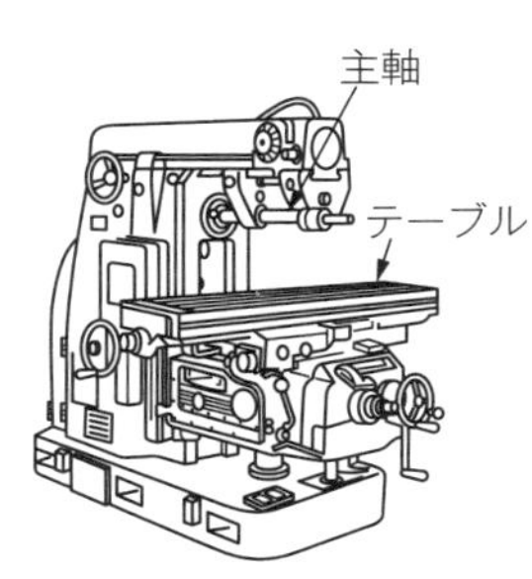

（b）横フライス盤

図7.4　フライス盤の種類

（a）外形加工

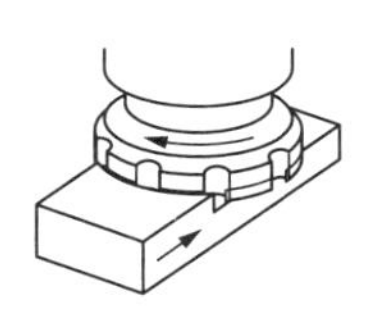

（b）側面加工

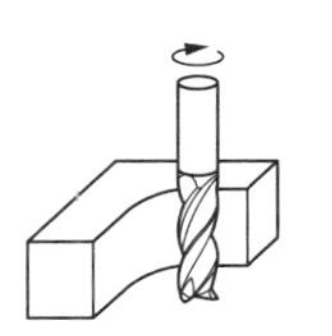

（c）溝加工

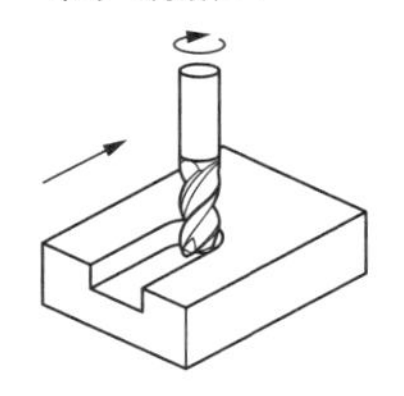

（d）スリット加工

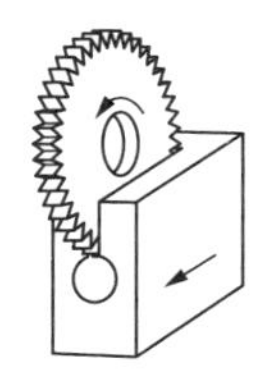

（e）穴あけ加工

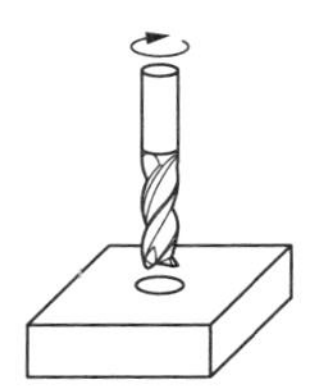

（f）曲面加工

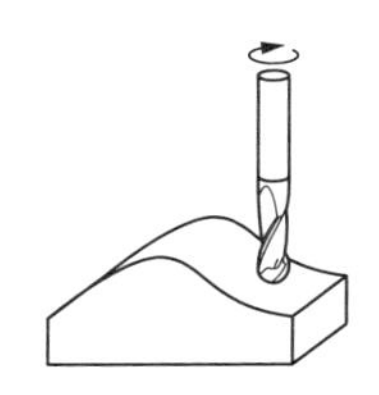

図7.5　フライス盤の加工例

フライス加工では、外形加工や側面加工、溝加工、スリット加工、穴あけ加工、曲面加工ができます（図7.5）。フライス盤で使用する工具はエンドミルがよく知られており、側面と底面の２面が切り刃になっています。そのほかに広い面を削る際の工具には平面フライスを、スリットと呼ぶ細い溝加工にはすり割りフライスやメタルソーを用います。

加工精度の目安は施盤加工と同じく、寸法精度は「±0.02」、表面粗さは「Ra1.6（▽▽▽）」のレベルです。

穴やねじをあける穴あけ加工

穴あけ加工の目的は、固定のためのねじ穴や、軸とのはめあい穴、他の部品との干渉を避ける逃げ穴などです。高い加工精度を必要としない穴加工では工作物をボール盤のテーブルに固定し、手でハンドルを回すことで、回転するドリルを上下させて加工します。

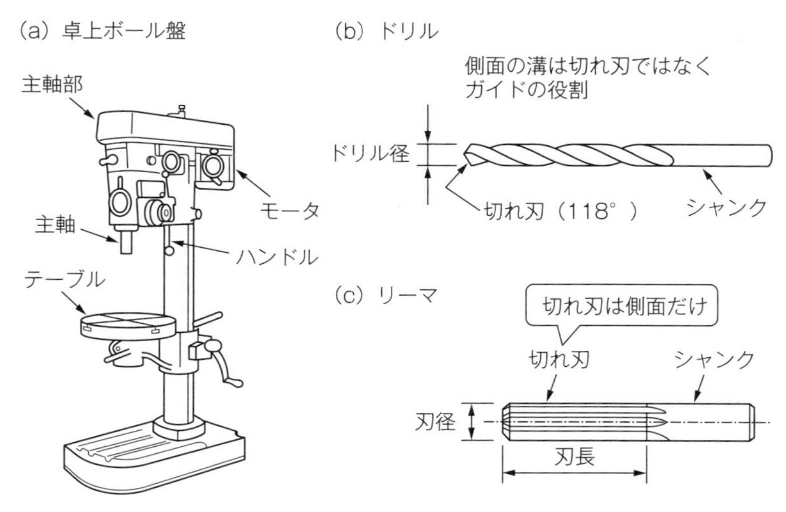

図7.6　ボール盤と工具

きり穴とは

ドリルであける穴を「きり穴」といいます。止まり穴の場合には、穴底にドリル先端118°の切れ刃形状がそのまま残ります。穴径の精度は「ドリル径＋0.1～0.2mm」、表面粗さは「Ra6.3（▽▽）」のレベルです。

きり穴は、主にねじの穴加工に用います。加工精度はよくないものの、最も安いコストで穴をあけることができます（図7.7の a 図）。

座ぐり穴とは

きり穴加工の後に追加で大きめにあける穴を「座ぐり穴」といいます。穴の深さによって２種類あり、「座ぐり穴」は深さが１mm程度で、鋳物などの荒れた材料表面を平たんにすることが目的です。「深座ぐり穴」は六角穴付きボルトの頭を沈めるための加工で、ねじ頭の直径と深さより少し大きめの寸法で加工します（同 c 図と d 図）。

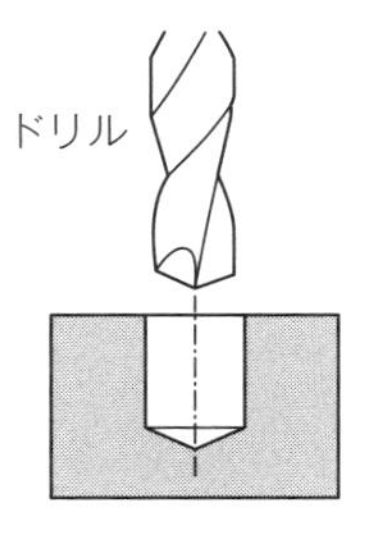

(b) テーパ穴

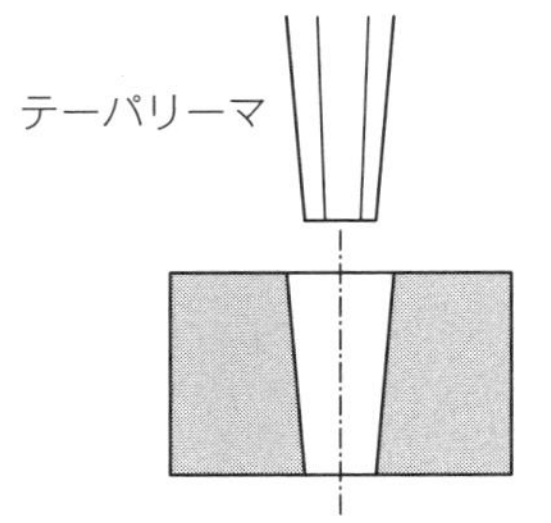

(c) 座ぐり穴

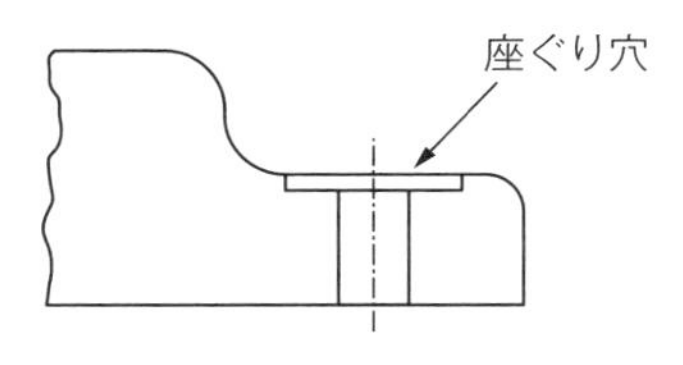

(d) 深座ぐり穴

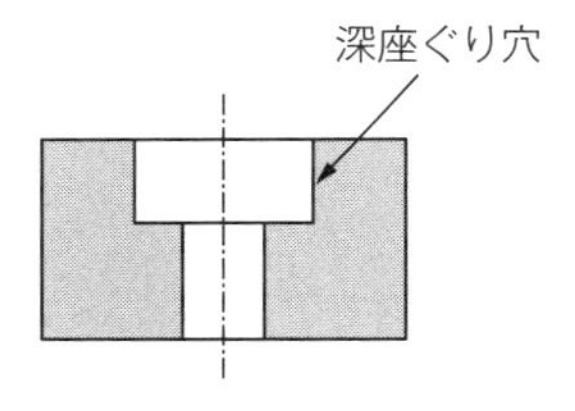

図7.7　穴あけ加工の例

リーマ穴とは

寸法精度の高い穴には、ドリルできり穴をあけた後にリーマで仕上げます（図7.6のｃ図）。よく使われるH7公差のはめあい穴にはこのリーマを用います。また角度のついたテーパ穴の加工にはテーパリーマを使います（図7.7のｂ図）。どちらのリーマも切れ刃は側面だけです。リーマ加工はボール盤を使ったり、手加工で行います。

めねじ加工

ドリルできり穴をあけた後に、タップと呼ばれる工具でらせん状にめねじ加工を行います。ねじ加工には３種のタップが用意されており、食いつき部の長い１番タップから順に２番タップ、３番タップがあります。実際の作業では、時間短縮のために２番タップの１本だけで加工することもあります。

めねじの内径はきり穴加工で使用したドリル径で決まり、谷の径はタップの外径で決まることになります。

砥石で仕上げる研削加工

身近にある包丁を研ぐ砥石や、材料の表面を磨くサンドペーパーは研削加工の工具です。非常に細かく硬い砥粒で材料の表面をひっかきながら削るため、その特徴は以下のとおりです。

①非常になめらかな面に仕上がる

②高い寸法精度で加工できる

③超硬合金や焼入れを行った硬いものでも加工可能

④ただし削り代が少なく、加工には時間を要する

研削加工は、旋盤加工やフライス加工をした後や、焼入れ後の仕上げに行います。

研削加工の種類

研削加工には、砥粒を固めた砥石で削る「研削加工」と、砥粒のまま削る「研磨加工」があります。研削加工には、研削面の形状によって平面研削、円筒研削、内面研削があり、それぞれ専用の研削盤と砥石で加工します。さらに精密な研削加工にはホーニングや超仕上げと呼ばれる加工法があります。

砥粒を使った研磨加工には、バレル研磨やバフ研磨、ラッピング、サンドブラストがあります。身近な歯磨き粉は研磨加工の砥粒です。

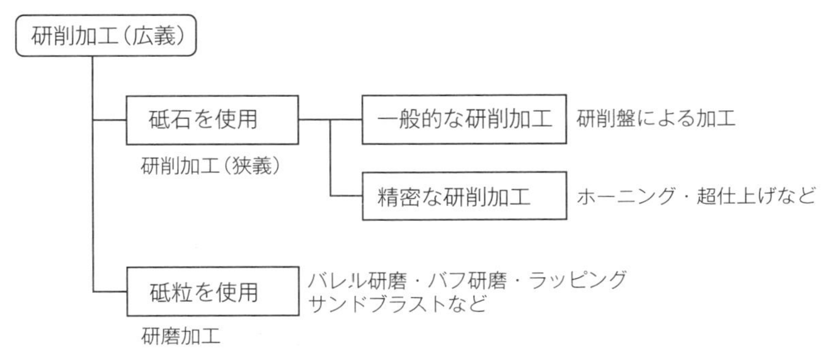

図7.8　研削加工の種類

完全な平面に仕上げるきさげ加工

限りなく完全な平面は工作機械で平面加工したあとに、手作業で仕上げをしています。紅を塗った面と面をこすり合わせると、表面の凹部には色が残り、凸部は色が取れます。色が取れた凸部をスクレーパという工具で数μmのレベルでウロコ状に削ることにより平面をつくる加工が「きさげ加工」です。ただし２枚の面で行うと曲面と曲面で密着する可能性があるので、３枚を交互にペアにすることで、限りなく完全に近い平面に仕上げます。

型を使って変形させる成形加工

成形加工の分類と特徴

金型や鋳型といった型を使った加工が成形加工です。加工精度は出にくいものの、一発で形をつくれるので大量生産に向いています。

成形加工には以下の種類があります。

①金型で打抜きや曲げを行う「板金加工」
②溶けた金属を型に流し込む「鋳造」
③溶けたプラスチックを型に流し込む「射出成形」
④強い力で叩いて変形させる「鍛造」
⑤回転するロールにはさみ込んで形をつくる「圧延」
⑥金型の抜き穴に通して形をつくる「押出し」と「引抜き」

板金のせん断加工と曲げ加工

薄い金属板を板金といい、この板金を金型の間にはさみ込んで、打ち抜いたり曲げたりするのが板金加工で、プレス加工ともいいます。高速で打ち抜けるので、大量生産に向いています。機械では、カバーや部品を取り付けるブラケットに多く使用されます。

はさみのように２枚の刃ではさみ込んで切断する加工がせん断加工で、プレス機では上型のパンチと下型のダイで打ち抜きます（図7.9のａ図）。

板金の曲げ加工では、スプリングバックといって曲げが若干戻る性質があるので、直角に曲げたいときには、直角よりも深めに曲げるといった工夫が必要になります（同ｂ図）。また、曲げの内側には必ず円弧がつきます。この最小曲げ半径は板の厚みが目安です。たとえば、板厚２mmならば曲げ半径も２mmになります。

(a) せん断加工

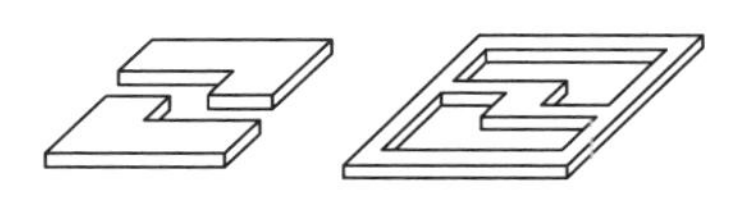

(b) 曲げ加工

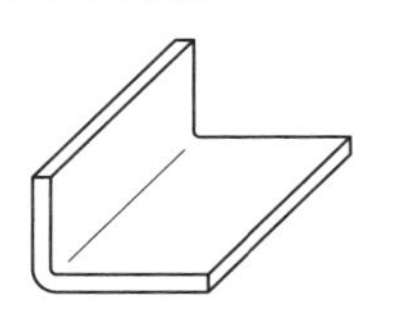

(c) 深絞り加工

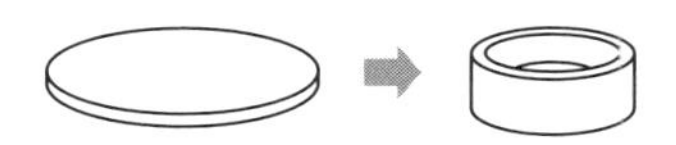

(d) バーリング加工

図7.9　板金加工の種類

板金の深絞り加工とバーリング加工

深絞り加工は板を立体形状にするためSPCDやSPCE、アルミニウムといった軟らかく伸びやすい材料を用います（図7.9のｃ図）。

バーリング加工は、薄い板金にねじを加工するものです（同ｄ図）。ねじは最低でもねじ径と同じ長さが必要ですが、板金の厚みが薄い場合に、下穴に専用のバーリングパンチを打ち込んで、穴を凸状に伸ばすことでねじ深さを確保するユニークな加工法です。たとえば2mm厚の板金にM4ねじを加工することが可能になります。薄板にねじを加工する方法には、このほかにプレスナットや溶接ナットがあります。

溶かしてつくる鋳造の特徴

複雑な形状であっても、溶けた金属を型に流し込むだけで、一発で形ができることが鋳造の特徴です。材料にムダがなく、非常に効率のよい大量生産に適した加工法です。一方、高い寸法精度やなめらかな表面粗さを出すことは難しいので、必要な場合は鋳造後に切削加工で仕上げます。鋳造に使用する型を鋳型、完成品を鋳物といいます。

砂型鋳造法とダイカスト鋳造法

流し込む材料が鉄鋼材料の場合、炭素含有量の多い鋳鉄を使用します。鋳鉄は硬い上に耐摩耗性に優れており、振動吸収性も良いので、工作機械のフレームに使われています。

鋳鉄の場合には鋳型を鉄鋼材料でつくることができません。そのため耐熱性に優れた砂型を使うので「砂型鋳造法」といいます。鋳物を取り出す際には鋳型を壊すので、型は毎回使い捨てになります。

鉄鋼材料以外の、アルミニウムや銅など融点の低い材料の場合は、鋳型を鉄鋼材料でつくることができるので、型は何度でも使い回しできるのが利点です。これを「ダイカスト鋳造法」といいます。

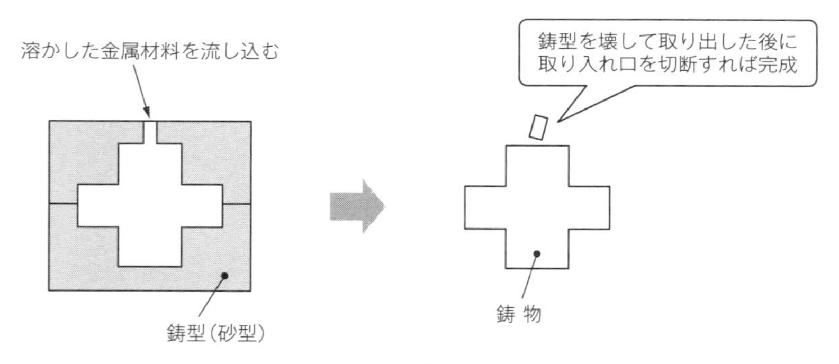

図7.10　砂型鋳造法

プラスチック加工の射出成形

プラスチックを溶かして金型に流し込む加工法が射出成形です。プラスチックは融点が低いので、鋳造に比べて加熱が容易です。ペットボトルのように中を空洞にしたい場合には、材料を事前にチューブ状にしておき、金型の中で風船のように膨らませてつくります。これをブロー成形といい、製品が大きい場合には回転成形を用います。

金属を叩いて鍛える鍛造

鍛造（たんぞう）は「鍛えて造る」と書くように、強い力を加えることで金属組織を緻密にしながら形をつくる加工法です。日本刀も熱した鉄をハンマで叩きながら形をつくっており、これを自由鍛造といいます。一方、金型を用いた加工法を型鍛造といいます。

自家用車のアルミホイールは鋳造品ですが、高級なホイールは鍛造でつくられています。強いために材料の使用量が少なくてすみ、軽量化も図れることで、走行性能が向上し燃費向上にも寄与します。

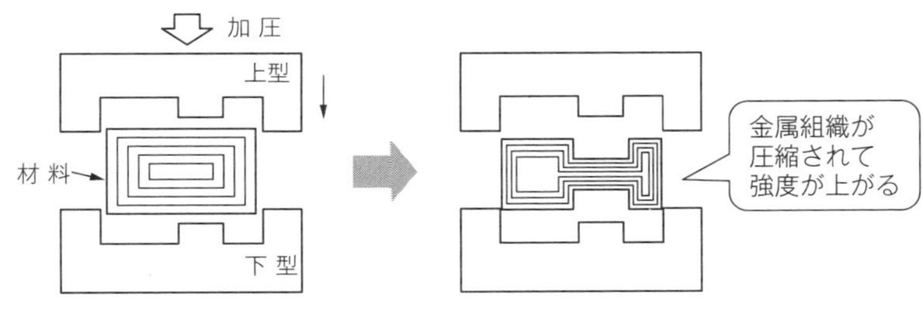

図7.11　鍛造の特徴

圧をかけて延ばす圧延加工

回転するロールの間に金属材料を通すことで、薄く引き伸ばすのが圧延加工です。鉄鋼メーカーでは平板だけでなく、ＬアングルやＣチャンネルといった形鋼もこの圧延で加工しています。

再結晶温度以上の高温で行う熱間圧延と、熱間圧延でつくった厚みをさらに薄くするために常温で行う冷間圧延があります。表面が黒さびで保護されている黒皮材は熱間圧延品で、表面がキレイなミガキ材は冷間圧延品になります（図7.12のａ図）。

押出し・引抜き加工

アルミサッシのような長尺形状をつくる加工法が押出しと引抜きです。長尺形状の特徴は、どこでカットしても同じ断面であることです。必要な断面形状の穴があいたダイスといわれる金型に材料を通してつくります（図7.12のｂ図）。通常は２メートルや４メートルといった定尺でつくられ、ここから必要な長さにカットして使用します。

さまざまな断面形状のものが市販されています。まだダイスを新規につくることで、オーダーメイドのオリジナル品をつくることも可能です。

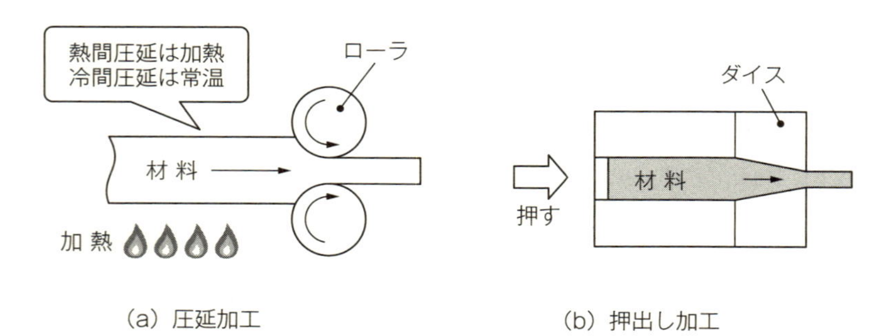

図7.12　圧延加工と押出し加工

材料同士の接合加工

接合加工の種類

モノとモノとを接合するには図7.13のようにさまざまな方法があります。この中で、溶接は対象物を互いに溶かして金属結合させるため、接合の信頼性がもっとも高い方法です。

一方、ろう付けは対象物を溶かさずに、ろうだけを溶かして接合します。ろうの浸透により複雑な形状でも接合ができることや、異なる金属同士でも可能な点が特徴です。はんだ付けはろう付けの一種です。

第３章で解説したねじは、唯一取り外しが可能な接合方法です。ほかの接合では、破壊しなければ外せません。

はめあいは、穴径に対して少し太めの軸を打ち込むしまりばめ（圧入）により固定します。位置決めピンの固定に適しています。また焼きばめと冷やしばめは熱膨張や収縮を利用したはめあいの固定方法です。

接合方法	接合の信頼性	取り外しの容易性	特徴
溶 接	◎	×	接合強度はもっとも高い コストダウンがねらい
ろう付け	○	×	母材を溶かさず接合
接着剤	△	×	加工コストが安い 固定の信頼性は落ちる
ね じ	○	◎	取外しが可能な唯一の方法
はめあい（圧入） 焼きばめ／冷やしばめ	○	△	ねじ固定できない軸の締結に有効
リベット	○	×	穴にピンを通して、ピンの両端をつぶして固定

図7.13　各接合方法の特徴

溶接のメリット

溶接は高い接合強度を得られる点と、削って加工するよりも安く加工できる点が特徴です。大きなサイズのモノを切削加工でつくると、時間がかかるうえに材料のムダも発生します。一方、溶接では加工時間は短く、材料のムダもありません。ただし溶接の熱でひずみが生じるので、精度が必要なものは溶接後に切削加工で仕上げます。サイズが小さい場合は切削加工で、サイズが大きくなれば溶接が適します。

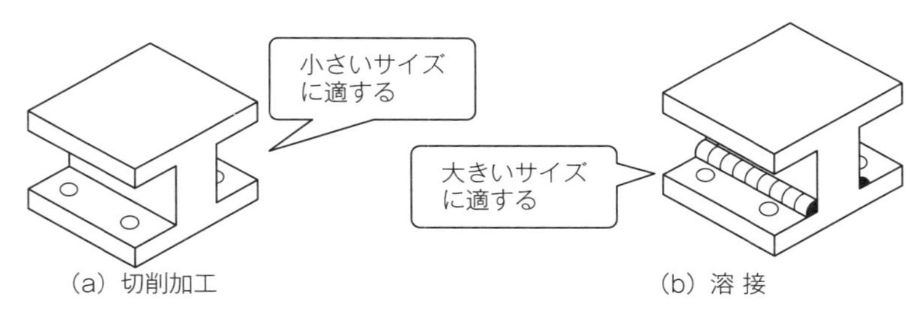

図7.14　切削加工と溶接

溶接の種類

熱源の違いで「ガス溶接」と「電気溶接」に分かれます（図7.15)。電気溶接には溶接棒を用いる「アーク溶接」と、溶接棒を必要としない「抵抗溶接」があります。アーク溶接は、放電により発生させた火花の熱で溶かすことで接合します。母材と同質の溶接棒を使うことで、母材と溶接棒の双方が溶けて一体化します。溶接部は盛り上がり、ウロコ状になります。

抵抗溶接は母材同士を重ねて電気を流し、電気抵抗により発生した熱で母材を溶かして接合します。主に板金の溶接に用います。溶接棒を用いないため、見映えもキレイな仕上がりになります。自動車のボディの接合に採用されています。

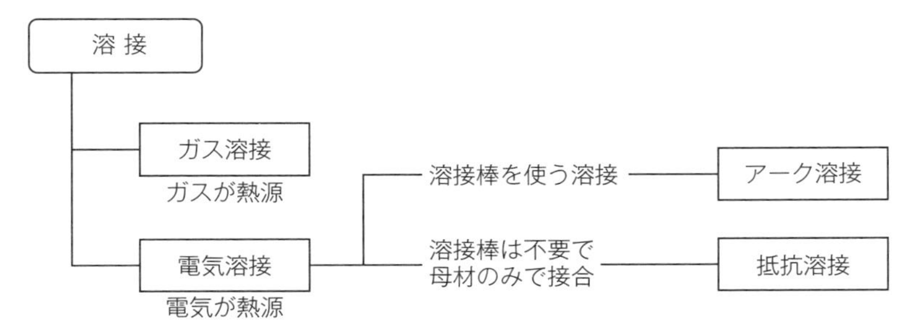

図7.15　溶接の大分類

溶接棒を使用するアーク溶接

アーク溶接には「被覆アーク溶接」と「ガスシールドアーク溶接」があります。被覆アーク溶接に使用する溶接棒は電極を兼ねており、溶接棒自体が溶けていく消耗品になります。

ガスシールド溶接は、溶接箇所をガスでシールドすることにより酸化や窒化を防ぎ、安定した溶接が行えます。被覆アーク溶接よりもコストがかかりますが、高い品質を狙います。電極の材質やガスの種類により、TIG溶接、MIG溶接、炭酸ガスアーク溶接があります。

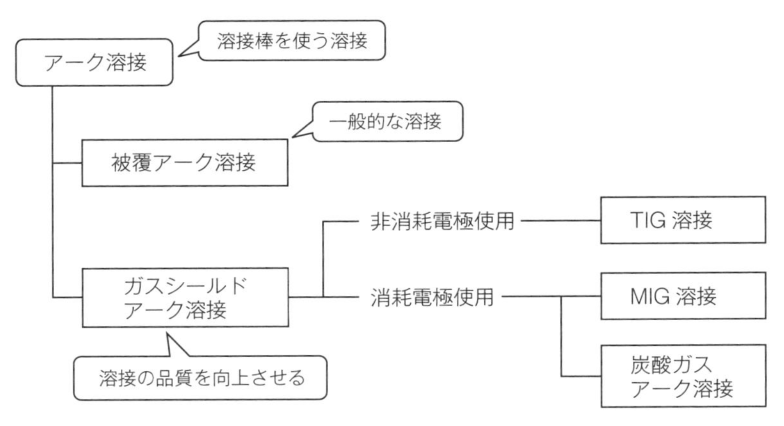

図7.16　アーク溶接の種類

溶接棒は不要な抵抗溶接

２枚の板金を電極ではさんで電気を流すと、接触部の抵抗で発熱します。この熱により材料が溶けた状態で力を加えて接合します。そのために電極を押し付けた箇所には軽い打痕がつきます。溶接箇所が１点の溶接をスポット溶接、複数箇所の溶接をプロジェクション溶接、ローラを使った連続溶接をシーム溶接といいます。溶接ナットは４点の突起を接合するプロジェクション溶接を用いています。

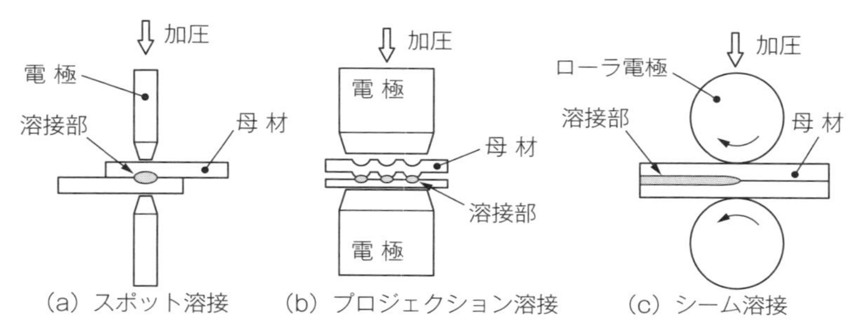

図7.17　抵抗溶接の種類

ろう付けと接着

母材同士を金属結合させる溶接に対して、ろう付けは母材よりも低い温度で溶ける金属（ろう）だけを溶かして、毛細管現象で母材のすき間に流し込んで接合する加工法です。ろうの材料には銀、黄銅、アルミニウム、ニッケルなどがあります。

同じく、母材を変化させずに接合する方法に接着があります。接着剤は主に樹脂系材料で、１液性接着剤、２液性接着剤、瞬間接着剤、紫外線（UV）硬化型接着剤があります。紫外線硬化型接着剤は紫外線を照射している間だけ硬化するので、コントロールがしやすく、接着工程の自動化に適しています。

局部的に溶かす特殊加工

力を加えない加工

先に紹介した切削加工や成形加工は力を加えて形をつくりますが、力以外のエネルギーとして、光エネルギーを使ったレーザ加工や電気エネルギーを使った放電加工、また化学反応により形をつくるエッチング加工があります。

また印刷を重ねて立体形状をつくるのが３Ｄプリンタです。これらの加工法は工具を使わず工作物には力が加わらないため、変形しやすい薄肉部品の加工や、複雑形状の加工に適しています。

それぞれの加工は工作機械によって性能が異なるため、加工形状や加工精度は設計段階で加工者とすり合わせることが効果的です。

光エネルギーを使ったレーザ加工

発表会で画面を指し示すレーザポインタは、レーザを活用した製品です。レーザは直進性が優れており、出力をあげて一点に集中させて金属を溶かします。すなわちレーザ光のエネルギーを熱に変えて工作物を溶かして形をつくります（図7.18）。

その特徴は、

①バイトやエンドミル、金型といった工具が不要
②工作物に力が加わらないので、変形が生じない
③発熱が少ないので、熱ひずみが生じにくい
④ダイヤモンドといった硬い工作物も加工可能
⑤レーザー光の軌跡をプログラムで自由に設計できる
⑥削り代が少ないので、材料の歩留まりに優れる
⑦複雑な形状や微小な加工にも適する
⑧ただし反射率が高い純アルミや純銅の加工には適さない

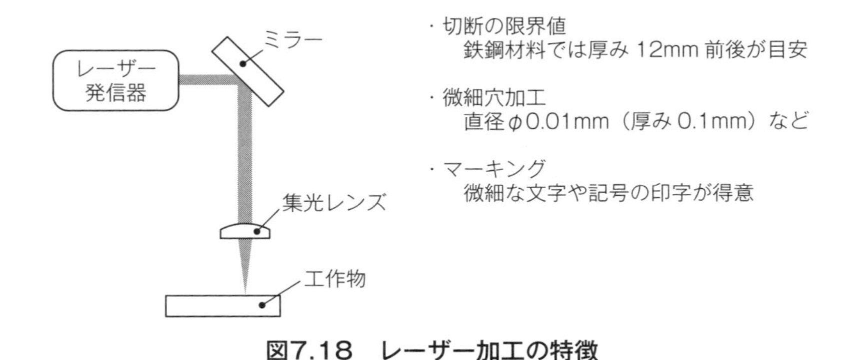

図7.18　レーザー加工の特徴

電気エネルギーを使った放電加工

電極と工作物のわずかな空間で放電させて、6,000℃近い火花の温度により工作物を溶かす加工法です。材料に電気が流れることが条件になります。超硬合金や焼入れした硬い材料にも精密に加工することが可能で、とくに成形加工の金型は高硬度で複雑な形状のものが多いので、この放電加工が適しています。

放電加工には「形彫り（かたぼり）放電加工」と「ワイヤ放電加工」があります（図7.19）。

形彫り放電加工

加工したい形状を反転させた形の電極を工具にして、水や灯油の中で金属に向かい合わせて電気を流すことで火花を起こし、その熱で金属を溶かします。電極は銅などの軟らかい材料を使うので、電極自体は容易に加工することができます。加工精度は１μmレベルの高精度が可能です。

フライス加工ではエンドミルの半径Ｒが工作物につきますが、放電加工では90°のシャープなエッヂに仕上げることも可能です。通常は放電加工といえば、この形彫り放電加工のことを指します。

ワイヤ放電加工

ワイヤ放電加工はワイヤカットともいい、電極にはワイヤを用います。工作物に事前に小さな穴を開けておき、この穴にϕ0.2～0.3mm程度のワイヤを通して放電により工作物を溶かします。工作物を左右前後に動かすことで欲しい形状に加工します。工作物の移動軌跡はプログラムで指示するので、形状の変更も容易に対応できることが特徴です。

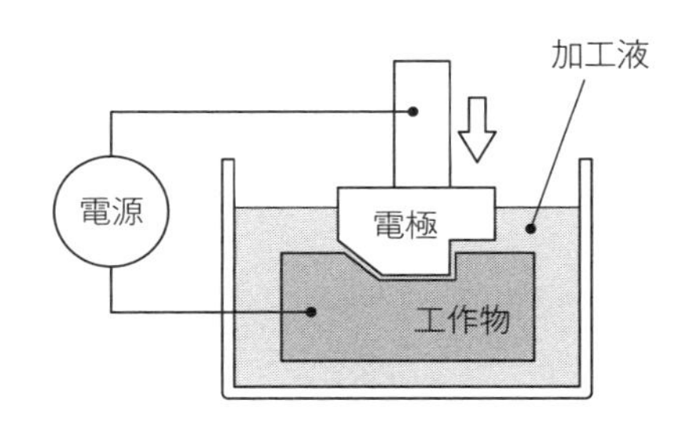

（a）形彫り放電加工　（b）ワイヤ放電加工

図7.19　放電加工

エッチングと３Ｄプリンタ

薬品を使って化学的に材料を溶かすことで形をつくる加工法がエッチングです。プリント基板の配線に使われており、配線端子のピッチが0.1mmレベルの微細加工も可能です。

３Ｄプリンタは印刷により立体をつくる加工法です。薄い印刷でも何度も重ねることで厚みを出します。他の加工法と異なり、形状をプログラムで設計できる点が大きな特徴です。加工時間を必要とするため大量生産には向かず、少量生産や変更が必要な試作品の加工に適しています。材料はプラスチックだけでなく、プリンタにより金属でも造形が可能です。

COLUMN

自分の設計マル秘ファイルをつくる

設計を進める中で集めた加工やコスト、納期、購入品といった情報は貴重な財産なので、記録として残すことが有効です。残し方については筆者も現役時代に、いろいろな方法を試しましたが、A4ファイル一冊にまとめるのがもっとも使い勝手のよい方法でした。

1枚の紙に情報を1つだけを書きます。上段には日付、次に「フライス盤の加工精度」といった情報のタイトル、そして具体的な情報、最後に情報源を書き込みます。それを分類せずにファイルの上からドンドン重ねて閉じていきます。インデックスをつくって分類したこともあるのですが、1つの情報がいくつもの分野に重なることもあって、うまくいきませんでした。

こうした情報は紙に手書きがベストです。情報は文字だけでなく図も描くことが多いので、パソコンよりも手書きの方が絶対的に早いのです。ましてやペーパレス化などといって、パソコンの中にデータとして保存することは避けるべきです。議事録やJIS規格いった検索で引き出せる情報はデータベース化が優れているのですが、知的情報は「紙に」「手で書いて」「紙ファイル」が基本です。

そうすると必要なときには、どこにファイルされているかわからないので、思い当たる近辺をパラパラめくって探すことになります。これが良いのです。忘れていた情報がサーッと目を素通りするだけで、記憶の片隅に定着していきます。こうして情報がしっかりと身に付いていきます。

第8章 コストダウン設計のコツ

加工を考えた設計

切削加工は工具形状が転写

切削加工の特徴は、工具形状がそのまま工作物に転写されることです。旋盤とフライス盤では隅部にバイト先端の半径Rやエンドミル先端の半径Rが転写されます。すなわち図面における隅部の半径R寸法指示は、工具の先端寸法を指示していることと同じになります。

そこで半径R寸法はできるだけ大きく取り、寸法数値に「以下」をつけることで、加工者の使用工具の選択肢を広げるのがコツです。最適な工具仕様は加工者にお任せします。またドリルとエンドミルでは、工具先端形状の違いが穴底の形状に転写されます。

(a) 旋盤加工

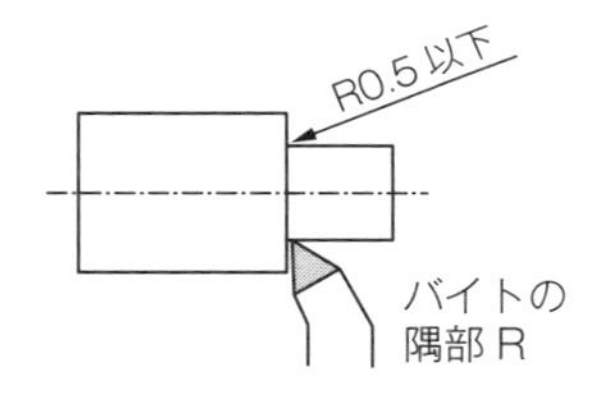

(b) フライス加工

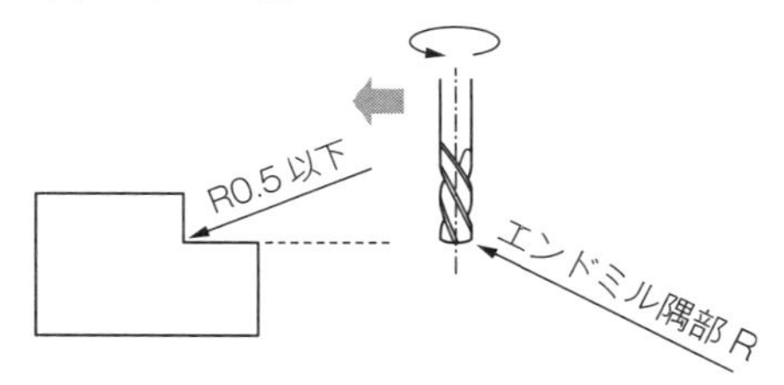

(c) ドリルでの穴加工

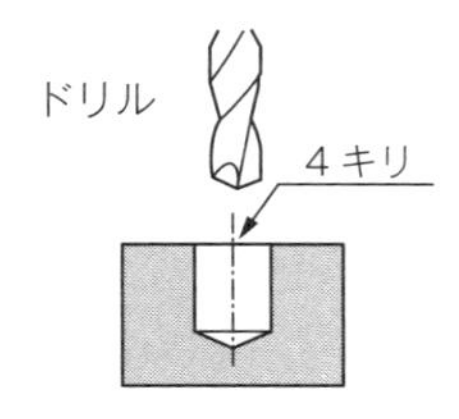

(d) エンドミルでの穴加工

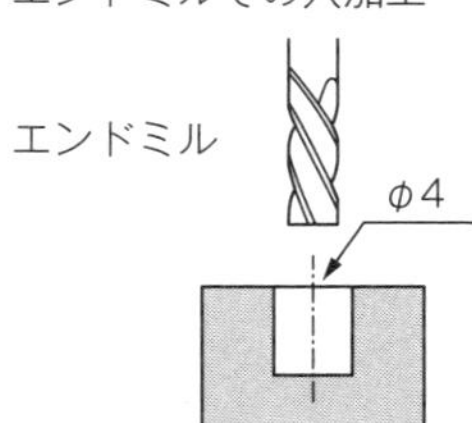

図8.1　工具形状の転写

一度つかんだら離さない設計

旋盤加工で丸形状の両端面に穴をあける場合に、貫通していない設計と貫通している設計を比較してみましょう。図8.2において貫通していない場合は、A穴を加工した後に、工作物をチャックから外して左右を逆転させて再度つかみ直さなければなりません。この作業を「トンボ」と呼び、作業時間が増えるだけでなく、チェックから外すことでA穴とB穴の中心位置がずれてしまいます。幾何公差の同軸度の悪化で、φ0.02〜0.05mm程度のずれが発生します。

一方、穴が貫通していれば、A穴を加工してから引き続いてB穴を加工できるので、つかみ直しが必要ない上に、A穴とB穴の中心位置もピッタリ合います。このように、旋盤加工ではつかみ直さない設計を狙います。

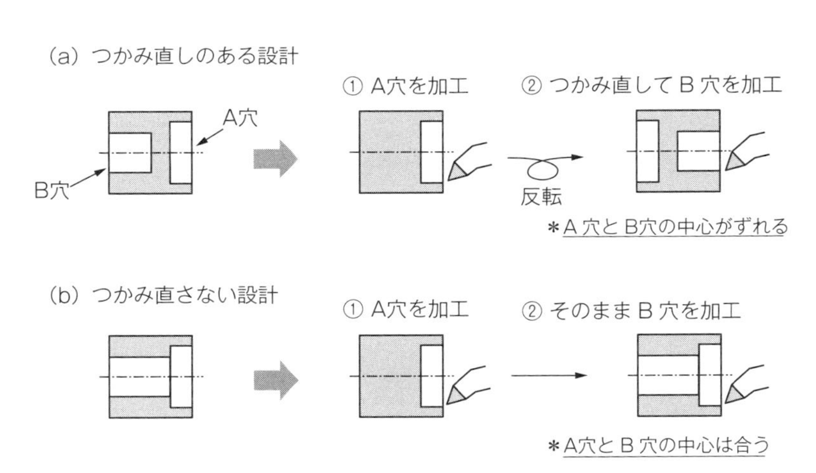

図8.2　一度つかんだら離さない設計

はめあいの溝加工は軸に行う

穴と軸とのはめあいで密閉性を高めたいときには、Oリングを使用します。このリングをはめる溝は、穴ではなく軸につけます。穴の内側に溝を加工するとバイトや切りくずが見えず加工しにくいのに対して、軸への溝加工は加工状況がひとめで把握できるからです。また組立においても穴の溝にOリングをはめることは困難です。

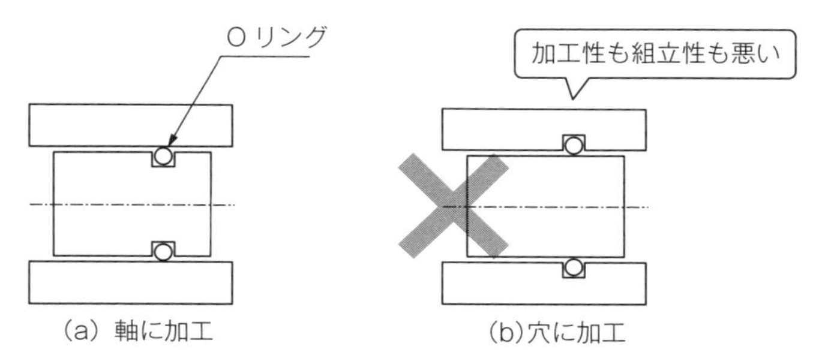

図8.3　溝の加工

軸には半径Rで穴にはC面取り

段付きピンを穴に挿入する場合に、軸の段付き隅部には半径Rを、穴の入り口にはC面取りをつけます。

このときの寸法条件は「軸の半径R寸法＜穴のC面取り寸法」です。

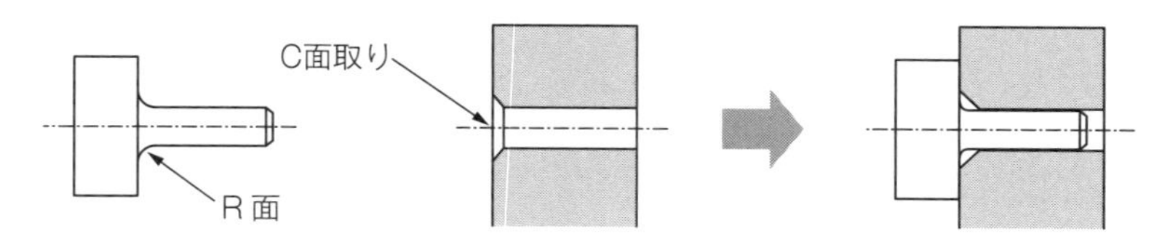

図8.4　半径R寸法とC面取り寸法

ポケット形状の隅部半径R指示

部品の上面をポケット形状に掘り込む場合、エンドミルで加工します。四隅にはエンドミルの半径Rがつくので、加工の効率を考えて直径の大きなエンドミルを使うことが効率的です。そこで可能な限り四隅の半径R寸法を大きくとり、半径R寸法数値に「以下」をつけることでエンドミル径の選択肢を広げるのがコツです。

隅部にRをつけたくない場合は、後述の逃げ加工で対応します（図8.12）。

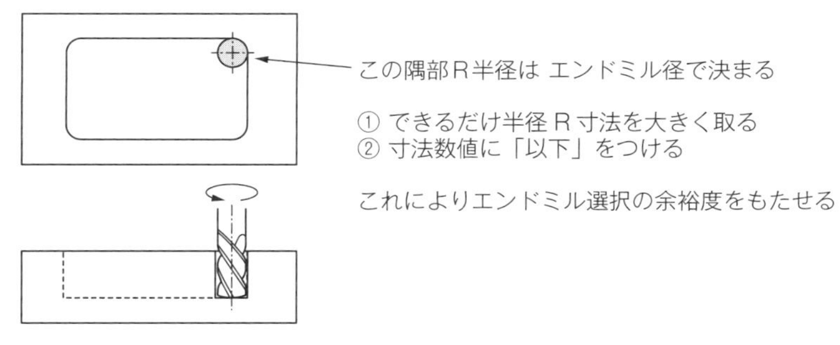

図8.5　ポケット隅部の半径R寸法

側面近くの穴加工寸法

穴をあける際に穴と側面とが接近していると、加工抵抗の差により穴が反ってしまいます。そのため一定の寸法を確保します。図8.6にきり穴と高精度穴の場合の、最低寸法の目安をまとめました。やむを得ずこの寸法よりも接近する場合には、穴加工したあとに側面を切削加工します。

また、穴やねじを斜めの面に加工すると、これも加工抵抗の差で穴が反ってしまうため、平面に加工する設計を行います。

肉厚 t

薄いと工具が
突き出る

（単位 mm）

穴の直径	肉厚 t（最低寸法）	
	きり穴	精度穴
5 未満	1	1.5
5 以上 25 未満	1	2
25 以上 50 未満	2	3
50 以上	3	4

図8.6　側面近くの穴加工

板金の最小曲げ半径

板金を曲げると内側に曲げ半径がつきます（図8.7の a 図）。その際の最小の曲げ半径は板厚が目安です。たとえば2.0mmの厚みならば最小曲げ半径も2.0mmです。軟らかいアルミ板や銅板は、これよりも小さく曲げることが可能です。

また、穴あけ加工後にその直近で曲げ加工すると、穴が変形してしまうため、一定以上の寸法が必要になります。目安は板厚みの2.5倍以上です（同 a 図）。これ以下の寸法で穴が必要な場合には、曲げ加工した後に穴あけを行います。

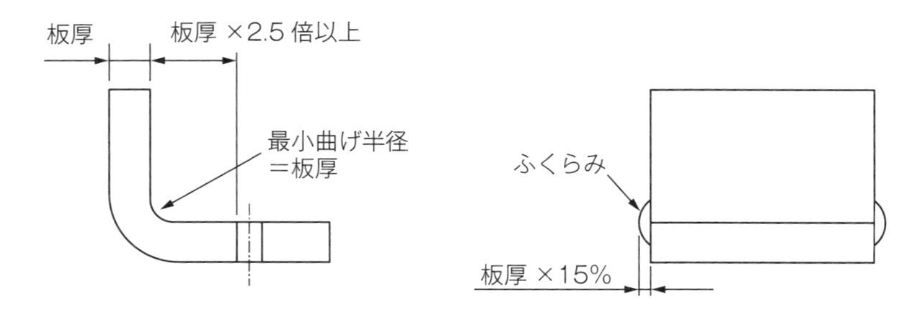

（a）最小曲げ半径と穴位置　　（b）ふくらみ量

図8.7　板金の最小曲げ半径とふくらみ量

曲げによるふくらみ量

板金に曲げ加工を行うと、内側は圧縮されるためにその圧縮分が側面側にふくらみます。そのふくらみ量は片側で板厚の15%が目安です。板金はセンサなどの取り付けブラケットに使用することも多いので、このブラケットを並べて固定する際には、このふくらみ量を考慮してすき間をあけることが必要です（図8.7のｂ図）。

バリ取りの面取りC指示

加工法を問わず、加工バリが発生します。バリは鋭利なので、手を切る恐れがあるうえに、はく離したバリが部品の間にはさまると、精度が悪化してしまいます。このバリを除去するには、C面取り指示が最適です。手を切らないレベルのC面取りは、手加工で行うC0.1～C0.3で十分です。C0.5以上の指示にすると切削加工が必要となり大幅なコストアップになるので注意が必要です。

鋳造品は鋳物メーカと相談

鋳造では溶けた金属を流し込むため、金属の湯が流れやすい形状が求められます。また流し込んだ後の冷却では、肉厚の薄い箇所が先に、厚い箇所は後から冷えるため、肉厚に大きな差があると変形が生じてしまいます。できるだけ均一な肉厚に設計し、差がある場合には徐々に変化させます。また、空洞部がある場合には、中子と呼ばれる木型を用いますが、この保持方法にも工夫が必要です。また、形状によって出来上がりの寸法バラツキも異なってきます。

このように鋳物には深いノウハウがあるので、図面を作成する途上で鋳物メーカと打ち合わせを行い、得られた情報を設計にフィードバックすることが大切です。

逃げの加工

高精度のはめあい

穴公差H7／軸公差g6といった高精度な穴と軸の組合わせは、ガタをほとんど感じないスムーズなはめあいです。そのため微細な異物が入り込んだり、穴や軸に反りがあると挿入しにくくなります。

その対策として、軸の中央部に図8.8のような逃げ加工を行います。これにより異物や反りの影響を回避することができます。また軸のg6公差の研削加工面も減るため、加工コストも削減できます。

図面に指示する際には、逃げ部を直径で表示すると、この直径寸法に意味があるように読めるので、直径ではなく外径の削り量で表します。たとえば「逃げ深さ0.5」といった表示です。これはJIS規格ではないので、オリジナルルールになります。

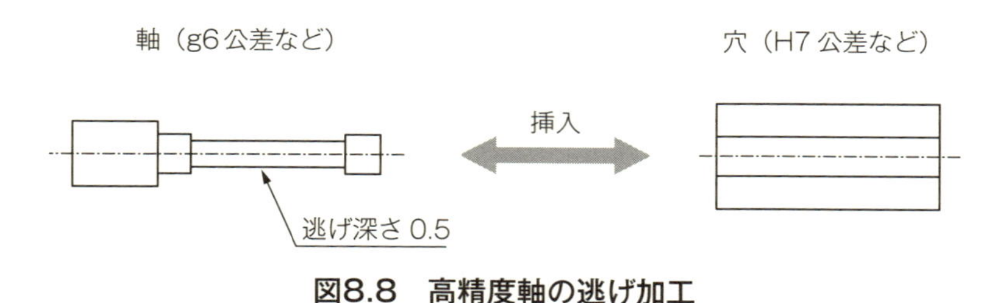

図8.8　高精度軸の逃げ加工

高精度の軸の固定

前述と同じように、高精度なはめあいで軸を固定する場合、ねじで締め込むと軸表面にきずが入って抜けなくなってしまいます。ムリに抜くと穴の内面にもきずが入るという二重のリスクが発生します。その対策として、軸のねじが当たる箇所に逃げ加工を行います。逃げ深さは0.5mm程度で十分です（図8.9のａ図）。

この軸の逃げ加工を行えない場合には、穴に幅２mm程度のスリットを加工して、ねじにより締め込む方法があります（同ｂ図）。

この他にロックピースを使う方法があります。めねじの「谷の径」よりも少し小さい直径で、直径よりも少し長めの真ちゅうの丸棒をねじ穴に落とし込んでからねじで締めこみます。真ちゅうは軟らかいので、軸の表面形状に沿って変形することにより軸を固定します。この真ちゅう部品をロックピースといいます（同ｃ図）。

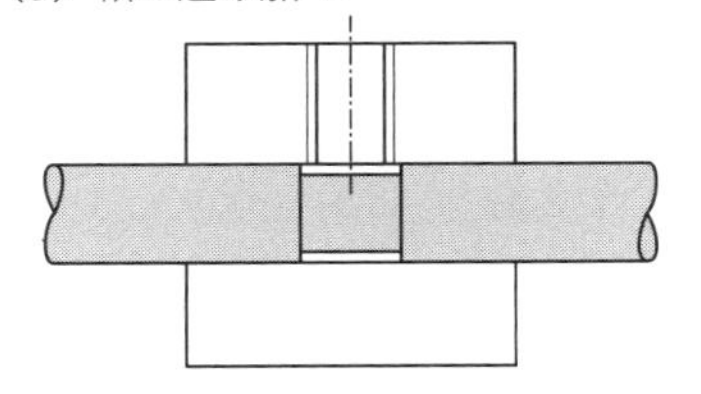

(b) スリット加工

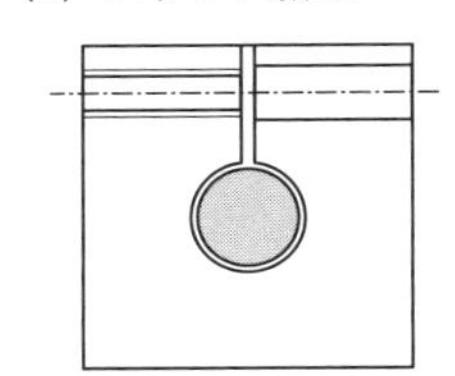

(c) ロックピース挿入

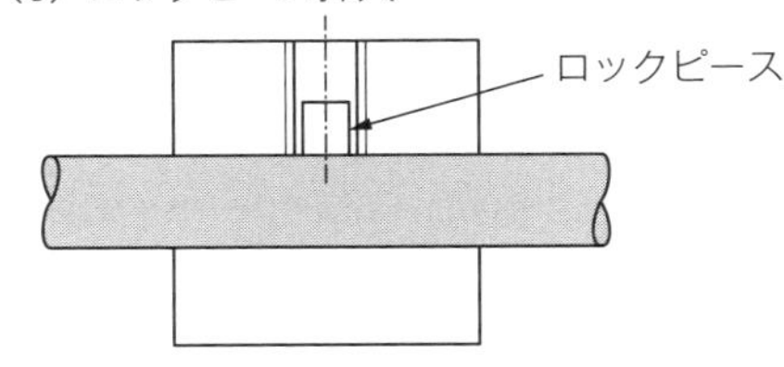

図8.9　高精度軸のねじ固定方法

同時合わせは不可能

図8.10のａ図のように、２面を同時に合わせることは不可能です。両面ともに合っているように見えても、必ずどちらかの面にはすき間が生じます。そこでどちらか一方に逃げ加工することで合わせるべき面とすき間をあける面を明確に分けます。また同ｂ図で穴公差がH7とピン径公差がg6の２本のはめあいの場合、ピッチ精度の影響で挿入は困難になるので、穴の一方を長穴にすることで対応します。

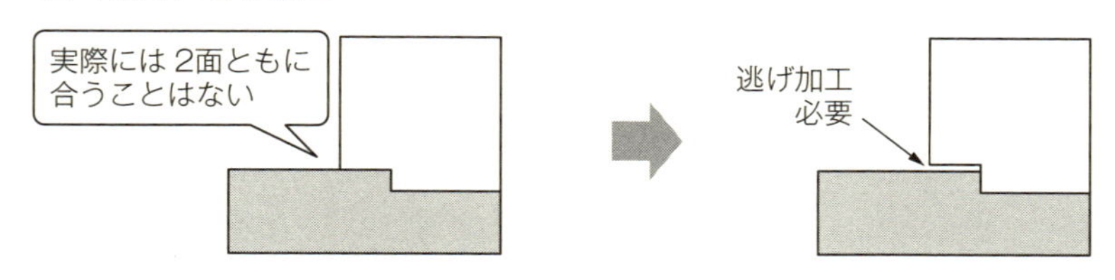

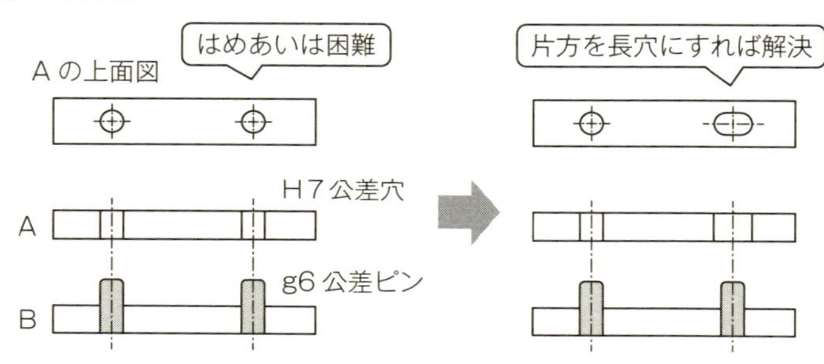

図8.10　同時合わせは不可能

直角度を確保する逃げ加工

エンドミルの直径に対して加工深さが深いと、加工の反力でエンドミルが逃げてしまい、直角度の確保が難しくなります。その場合、直角度が必要な深さを再考し、必要のない面には逃げ加工を行います。加工深さはエンドミル径の2倍以下を目安にします。

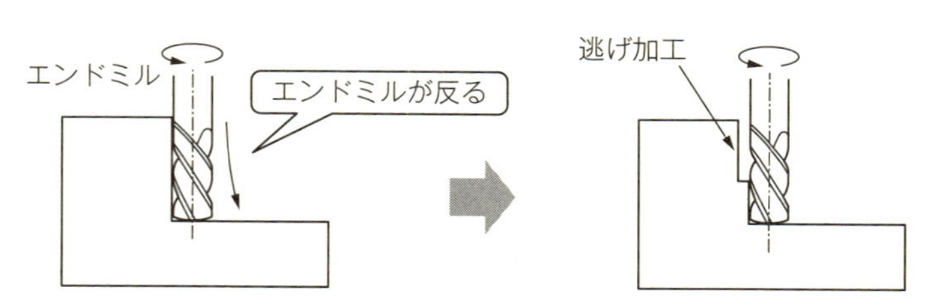

図8.11　直角度を確保する逃げ加工

四隅に半径Rをつけてはいけない場合

図8.5でポケット形状の四隅に半径Rをつけられない場合は、逃げ加工を行うことで対応します。このときの逃げ幅はエンドミルの直径になるので、半径Rを大きな数値にして「以下」をつけます。

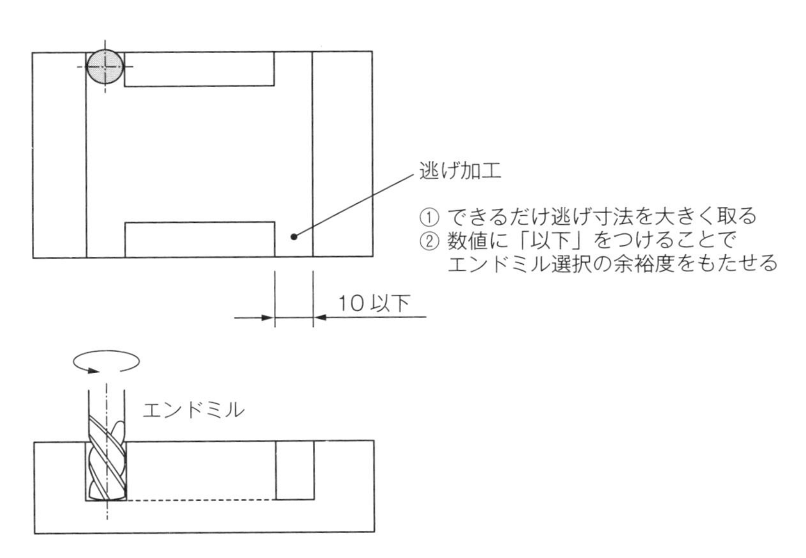

図8.12　ポケット隅部の半径不可の対応

穴の深さは直径の5倍まで

工具の直径に対して穴深さが5倍を超えると、

①特殊仕様のロングドリルになる

②ドリルが反って真っ直ぐにあけることが難しい

③ドリルが折れやすい

といった欠点があります。そこで、穴の深さは直径の5倍以下を目安として、5倍を超える場合には必要のない深さまでは太めの直径で逃げ加工を行います（図8.13）。

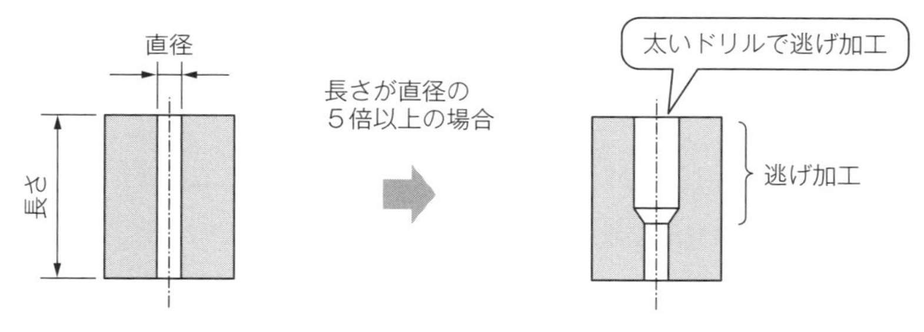

図8.13　穴の深さは径の5倍以下

おねじとめねじの逃げ加工

段付き形状におねじ加工する際に不完全ねじ部があると、めねじが最後まで入らない上にねじの加工性も悪いため、逃げ加工を行います。逃げ幅は2ピッチ以上、深さは谷の径よりも小さくします。めねじを中ぐりバイトで加工する場合の逃げ加工も2ピッチ以上必要です。

(a) おねじの逃げ加工

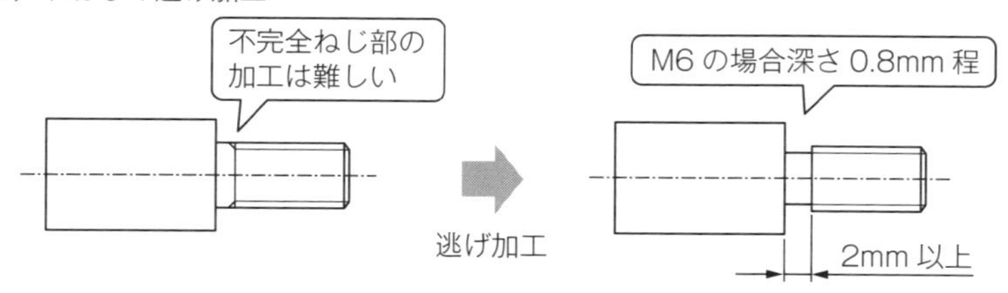

(b) めねじの逃げ加工

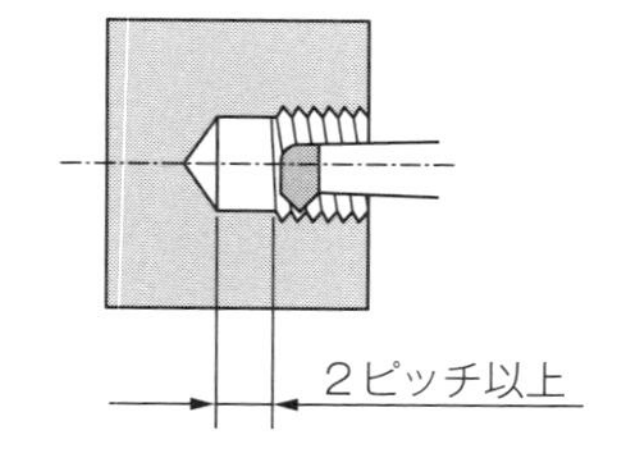

図8.14　おねじとめねじの逃げ加工

組立を考えた設計

大切な基準の考え方

大事なことは基準を統一することです。左右／前後／上下のそれぞれどちらを基準にするかを決めます。図8.15のａ図のように、Ａ部品とＢ部品の穴位置を左端面基準で合わせたい場合に、Ａ部品とＢ部品共に左端面基準で公差は±0.1mmとすると、穴中心の最大ズレは0.2mmですが、同ｂ図のようにＢ部品が右端面基準の場合には最大ズレは0.3mmに拡大します。ズレを同じ0.2mm以内にしようとするとＢ部品の公差を±0.1から±0.05mmにしなければなりません。こうしたムダをなくすためにも、基準を合わせることが大切です。

また、基準を部品ごとや機械ごとにその都度決めるのではなく標準化しておくことで、他の機械の図面をそのまま使用する（流用する）ことも可能になります。この図面の流用については第10章でも紹介します。

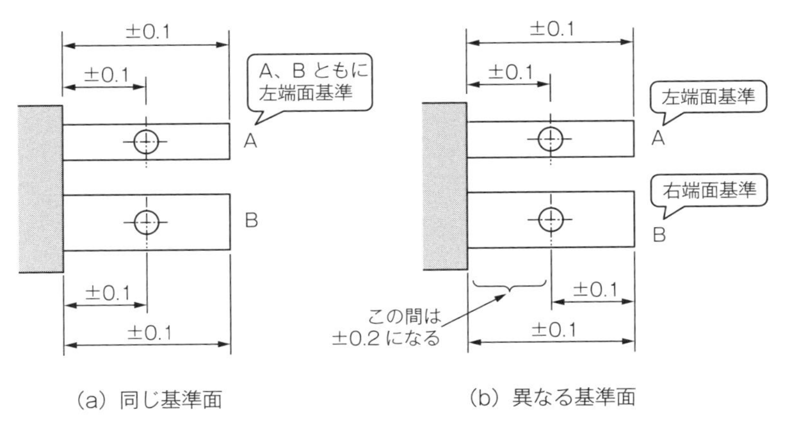

図8.15　基準面の違い

ねじ固定での位置精度の出し方

A部品とB部品をねじ固定する際の位置精度の出し方を考えてみましょう。図8.16のａ図のように、AにBを重ねて固定する方法では、B部品のきり穴とねじ径にすき間があるので、そのままねじ固定すると位置が大きくばらつきます。そこでスケールやノギスなどの測定器を使って位置を決めなければなりません。とく特に高い精度が必要な場合には、神経を使う作業になります。

そこで「当たり」を設けることにより作業性を容易にした位置決め方法として、同ｂ図のように２つの部品ともに端面基準とすれば、定盤に当てることで容易に位置を合わせることができます。

また同ｃ図はAに切削加工で当たり面をつける方法、同ｄ図は圧入で固定したピンを当たりにする方法です。この当たりにより容易に組立てができるようになります。

（a）重ねて固定

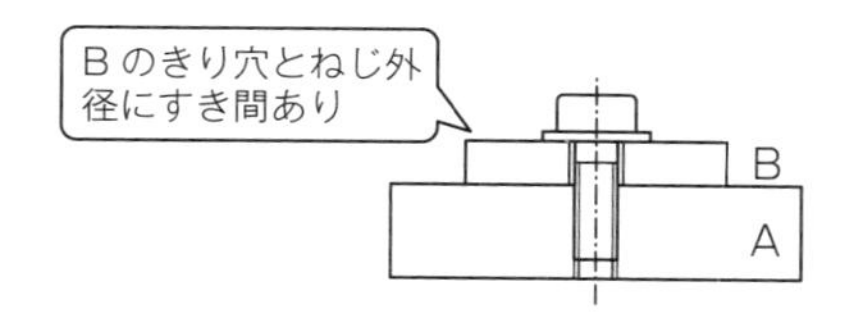

（b）当たりに当てて固定

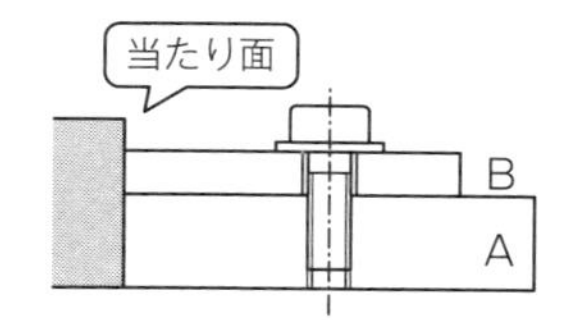

（c）切削加工の当たり面

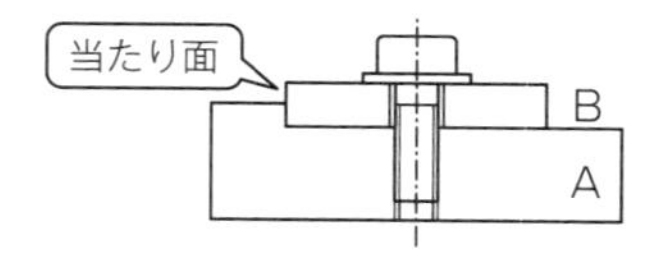

（d）ピンによる当たり

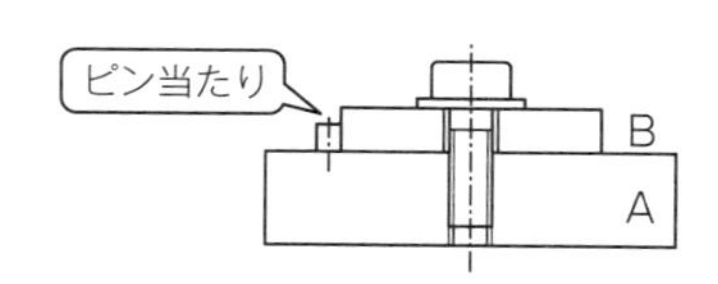

図8.16　位置精度の出し方

ピンの圧入には貫通穴

ピンをしまりばめで圧入する際には、貫通穴をあけます。これはピンを挿入する際に穴の中の空気を逃がさなければ、ピンが底まで入りきらないことと、ピンを抜く必要が生じた際に、反対側から突けば容易に抜くことができるためです。

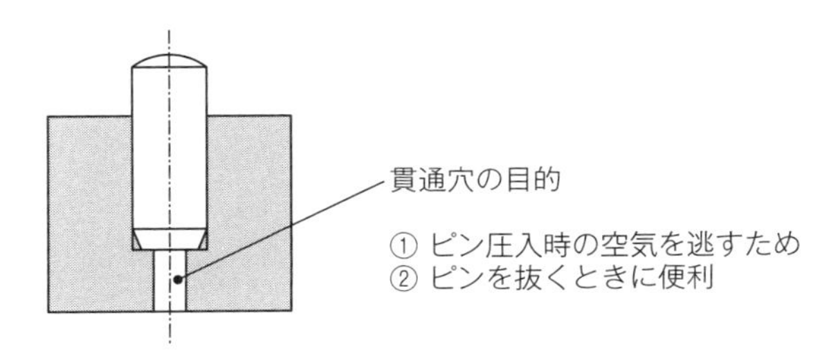

図8.17　ピン圧入の貫通穴加工

ねじ固定はすべて上面から

ねじの固定はすべて上面から行えることが大切です。下面からのねじ固定は作業性が悪いうえに、メンテナンスの際には必要のない部品まで外す必要が生じてしまいます。

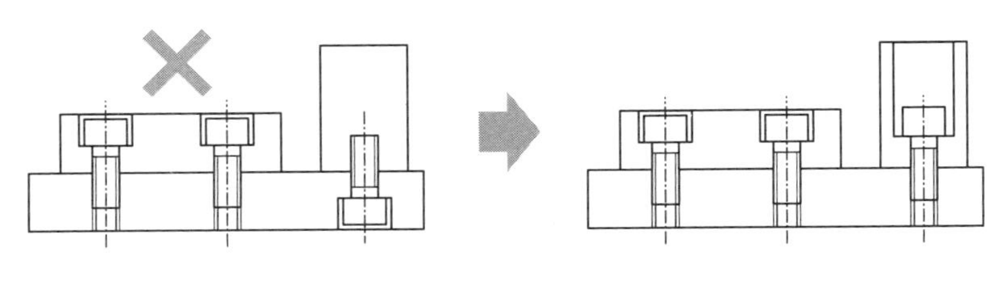

(a) よくない事例　　(b) 良い事例

図8.18　ねじ固定の方向

同時加工によるばらつきの最小化

2つの部品の寸法をピッタリ合わせたい場合に、同時加工という方法があります。個別に加工すると少なからず誤差が生じます。そこで工作機械に一緒に固定して同時加工すれば、誤差は限りなくゼロに近くなります（図8.19）。この加工は部品図に「◯◯図番と同時加工のこと」と指示します。

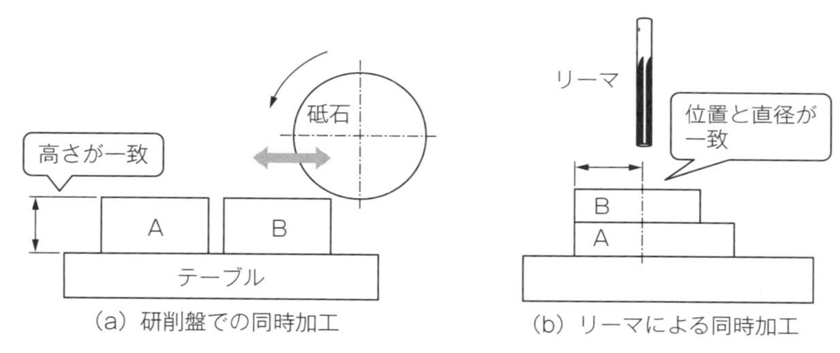

（a）研削盤での同時加工
（b）リーマによる同時加工

図8.19　AとBの同時加工例

組立図の完成度

部品同士を締結したり、配線や配管を行う組立作業でもっとも大事なことは、情報源となる組立図の完成度です。「締結する位置関係が明確に記されているか」「締結に使用するねじの種類・ねじ径・ねじ長さは記載されているか」「配線や配管の引き回し方法の指示はされているか」、これらに不備があると組立の作業者は、現物合わせで作業しなければなりません。

どうしても現物合わせでしか行えない場合は、1号機で行った最適な作業方法を組立図や組立指示書に追記したり、写真を活用することで、2号機以降はスムーズに作業できるようなアクションが大切です。

調整を考えた設計

調整のしやすさとは

調整できる箇所が多い機械は良い機械でしょうか、それともよくない機械でしょうか？　答えは後者です。

調整箇所が多ければ、調整作業者や機械を動かすオペレータにとっては作業の負荷が増えることになります。調整のまったく不要な機械が理想ですが、現実には部品の加工精度や部品の経時変化、また多品種対応には調整を行うことで対応しますが、調整箇所は最小限にする設計が必要です。

もう１つ調整箇所を減らすメリットは、機械そのものをデッドコピー（無断模倣）されにくい点にあります。他社製品を分解して部品寸法を測定しても、寸法公差まではわかりません。調整箇所が多ければゆるい普通公差で部品加工して調整により完成度を高めることができます。一方、調整箇所がなければ、すべての部品を高精度に加工しなければ完全にコピーすることができず、結局は高コストになりデッドコピーする意味が無くなるのです。

スペーサによる位置調整

多品種対応や対象物の寸法ばらつきへの対応のために、部品の位置を調整する方法を見てみましょう。お奨めは「スペーサ」を使う方法です。品種分のスペーサを事前に準備しておき、その都度交換することで対応します。スペーサは色分けをしたり、該当する番号を表示するなど見分けやすい工夫を行います。

このときスペーサを固定するための穴はきり穴ではなく、図8.20のように切り欠き穴にしておけば、ねじを半回転ゆるめるだけで抜き差しが可能となり、ワンタッチ交換できて便利です。

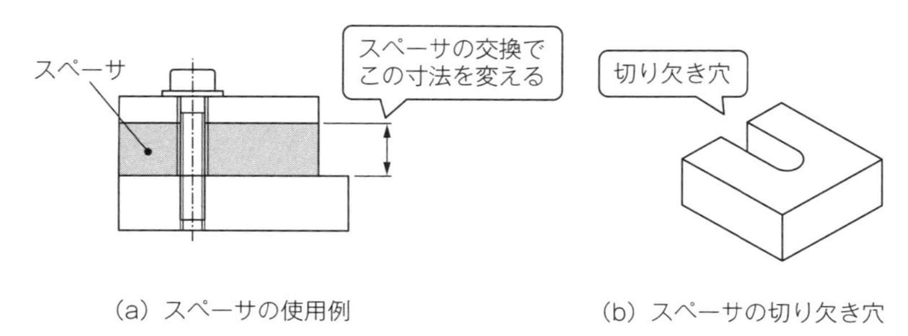

(a) スペーサの使用例　　(b) スペーサの切り欠き穴

図8.20　スペーサによる位置調整

ねじによる位置調整

品種が多い場合や対象物の寸法が毎回異なる場合は、スペーサでの対応が難しくなります。その際にはねじ先端を当たりにして、ねじの出し入れで位置調整する方法があります（図8.21のａ図)。

このときねじを１回転させたときに進む量の少ない方が精密に調整することができます。したがってねじのピッチは並目ねじではなく、細目ねじを採用します。たとえばＭ４の並目ねじのピッチ「0.7」に対して細目ねじのピッチは「0.5」なので、１回転で0.5mm、半回転で0.25mmレベルの調整が可能です。

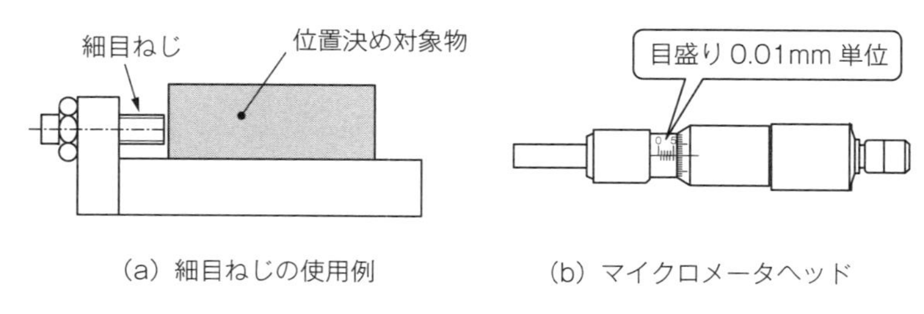

(a) 細目ねじの使用例　　(b) マイクロメータヘッド

図8.21　ねじによる位置調整

マイクロメータヘッドによる位置調整

先のねじによる位置調整で高精度の場合には、ダイヤルゲージやテストインジケータを併用しながら行いますが、手間と時間を要します。こうした際にはマイクロメータヘッドを用いる方法があります。マイクロメータのアーム部を外したラチェットの測定部が単体で市販されています。これをねじの代わりに用います。目盛りは0.01mmと高精度な上に価格も５～７千円程度なので、費用対効果が期待できます（図8.21のｂ図）。

現物合わせによる位置調整

数点の部品を組み合わせた合計寸法を高精度に出したい場合、現物に合わせて調整する方法があります。たとえば５点の部品を合わせた寸法を±0.03mmに入れたいとすると、単純計算で１点あたり±0.006mmになります。このレベルの精度は加工コストが大幅に上がります。

そこで１つの手段として、５つの部品公差をプラス目に設定して加工し、できあがった５つの部品を重ねて実測します。その測定値と狙い値の差を１つの部品に追加工することで補正する方法です。この現物合わせの追加工指示は組立図で行います。

数値による調整

調整の度合いが数値で把握できなければ、現合調整になってしまい、それが最適値か否かもわかりません。数値化できれば、調整時間も短く、再現性を保てることが大きなメリットです。

数値化には目盛りから読み取るアナログ式と数値を直接表示するデジタル式があります。先のマイクロメータヘッドもアナログ式で数値にできることが利点です。またシリンダを駆動する空気圧や真空吸引に用いる真空圧も数値で調整することが有効です。

カバーの脱着性

カバーは安全面の確保や粉じん対策にも有効です。用途によって固定タイプと開閉タイプがあります。

固定タイプで時々外す機会のあるカバーは「ダルマ穴」を使う方法が便利です。カバー穴を丸穴ではなくダルマのような大小の二重穴に加工します。大き目の穴径は固定するねじの頭よりも大きく、小さめの穴径は通常のねじ径に合わせた大きさにします。事前にねじをゆるく締めておき、その上から大き目の穴をねじにあわせてかぶせます。手を離すと小さめの穴に合うので、ここでねじを締め込みます。

このダルマ穴のメリットは、ねじを半回転ゆるめるだけで外すことができ、ねじは差したまま作業できるので紛失のリスクがなくなることです。また大きいサイズで２人作業していた場合は、１人で作業ができるようになります。

(a) ダルマ穴形状

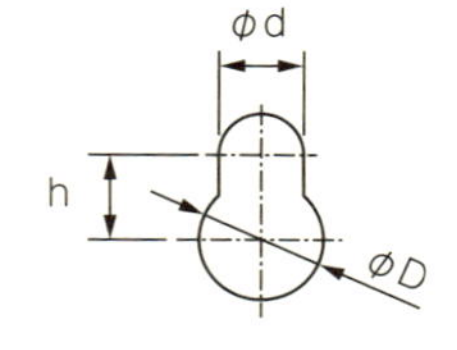

ダルマ穴寸法の目安　　単位 mm

	M3	M4	M5	M6
φd	4	5	6	7
φD	10	12	14	16
h	8	10	11	12

(b) ダルマ穴の使用例

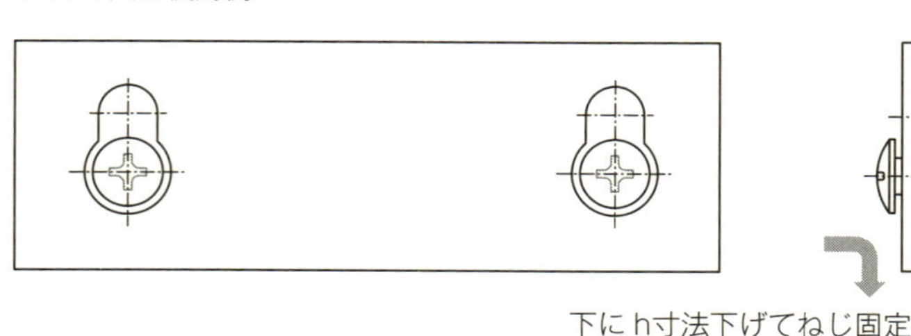

図8.22　ダルマ穴

第9章

センサとシーケンス制御

センサ

情報を検知するセンサ

センサの機能は、情報を検知して現状を把握することです。たとえば室温を25℃に保ちたい場合、まず今の室温を知ることが必要です。この室温をセンサで検知し、25℃と異なればその差を埋めるための制御を行います。すなわちセンサは、温度・照度・力・位置といった物理量や対象物の有無を把握し、制御しやすい電圧や電流に変換する役割を果たします。このセンサの情報をプログラマブルコントローラで情報処理して出力につなげます。

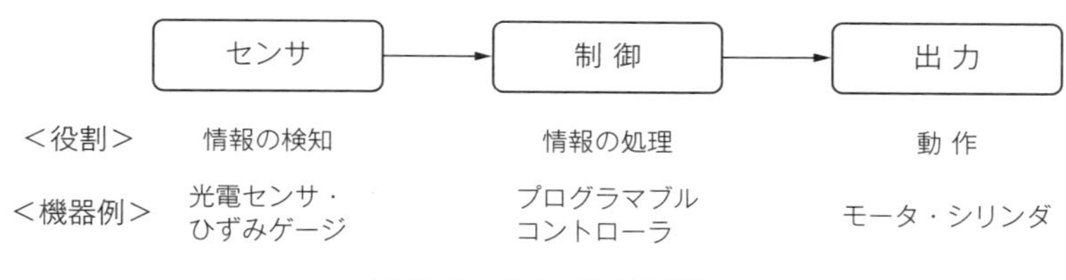

図9.1　センサの役割

人は抜群のセンサ機能

もっともすぐれたセンサを持っているのは私たち自身です。五感という言葉で語られるように「見る」「聴く」「味わう」「匂う」「触る」といったセンサを働かせて、形や大きさ、色、音、味、匂い、硬さ、温度などを感じて行動につなげています。

一方、市販のセンサは、人のようにすべての機能を持ったものはなく、個別の単体機能になります。

モノを検出するセンサ

機械では、とくにモノの有無や位置を検出するセンサが重要になります。検出方式で区分すると「メカ機構で検出」「光で検出」「渦電流で検出」「画像で検出」の大きく4つに分類されます。

メカ機構を用いているのはマイクロスイッチ、光で検出するのは光電センサ・ファイバセンサ・レーザセンサ、渦電流で検出するのは近接センサ、そして画像で検出するのが画像センサです。

検出方式		センサの種類	特徴
接触式	メカで検出	マイクロスイッチ	機械的に接触させてON/OFF
非接触	光で検出	光電センサ	光により非接触で検出
		ファイバセンサ	光電センサの光源をファイバで伝達
		レーザセンサ	レーザ光を使用するため高精度
	渦電流で検出	近接センサ	検出物の物性を検出
	画像で検出	画像センサ	カメラの画像をデジタル処理

図9.2　モノを検出するセンサの分類

マイクロスイッチ

マイクロスイッチのスイッチレバーを押すと、レバーがスイッチ内の端子に接触することで、電気回路をON/OFFさせます（図9.3）。小型で数百円と安価なので使いやすい反面、検出の位置精度は高くありません。そのため対象物の有無や通過といったゆるい検出に使用します。マイクロスイッチにカバーを付けて水や油、ホコリから保護するタイプはリミットスイッチと呼ばれます。

スイッチには端子が3つあり、カタログにはCOM・NO・NCと記載されています。COMは共通端子で共有の意味のコモンの略です。

NOはノーマルオープンの略で、通常は接点が離れておりスイッチを押すと通電します。NCはその逆で、通常は接点が導通しておりスイッチを押すとしゃ断されます。用途によってCOM端子とNO端子をつなぐか、COM端子とNC端子をつなぐかを選択します。

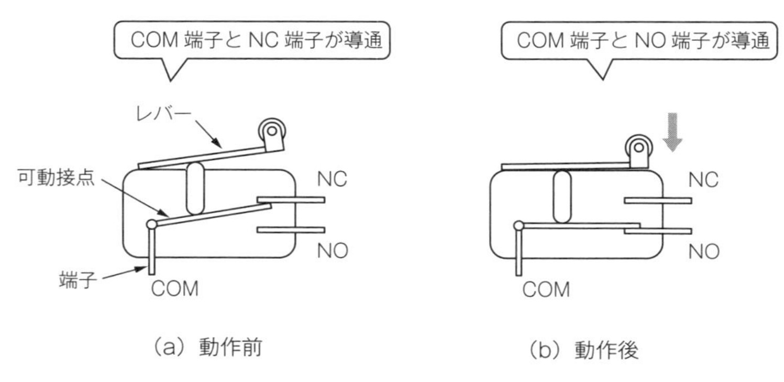

図9.3　マイクロスイッチの構造

光電センサ

光電センサは、光を発する発光素子と光を受ける受光素子を組み合わせたセンサです（図9.4）。光がさえぎられると受ける光量が減少することを利用しています。先のマイクロスイッチと異なり、対象物に触れずに検出できることが特徴です。応答速度も速く、安いものなら数百円と安価なので広く使われています。

対象物は金属、プラスチック、液体など材質を問わずに検出することができるので、使い勝手のよいセンサです。光の受け方により反射形と透過形があります。

光量を検出する構造のため、素子面が汚れると検出の精度は悪化します。とくにセンサを上に向けて使用すると、大気中のほこりや異物が落下して素子面に付着しやすいので注意が必要です。

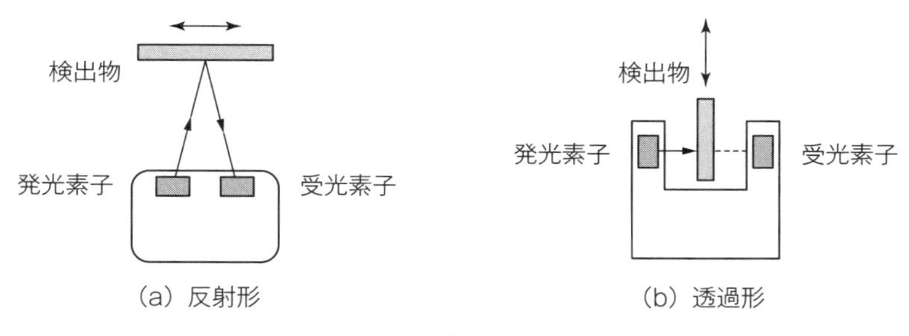

図9.4　光電センサ

ファイバセンサ

光電センサの一種で、細い光ファイバを用いたセンサです。光電センサは発光面と受光面が比較的広いのに対して、このファイバセンサは直径がφ１mmといったスポット径もあり、微小な対象物の検出が可能です。光ファイバはゆるく曲げることができるので、狭い場所や入り組んだ場所、また離れた場所での検出が得意です。

光電センサと同じく反射形と透過形があります。どちらのタイプもファイバユニットとファイバアンプを組み合わせて使用します。

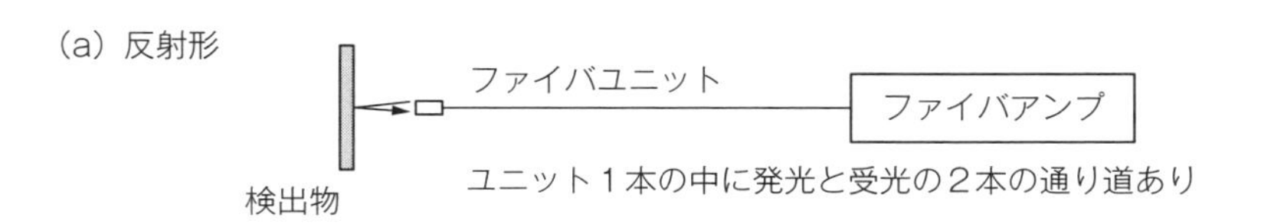

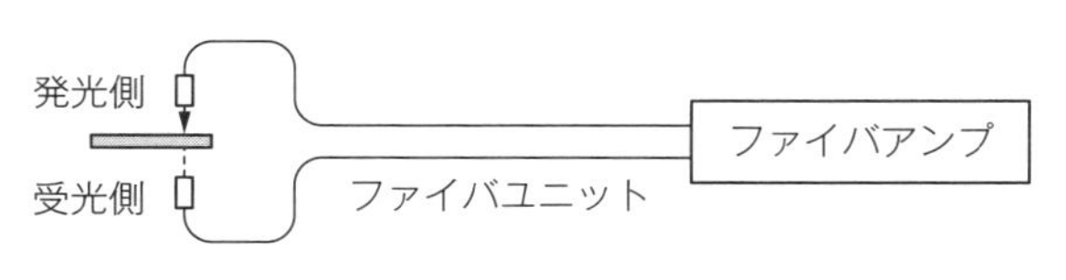

図9.5　ファイバセンサの種類

レーザセンサ

ファイバセンサよりも価格は高くなりますが、より高い精度で検出できるのがレーザ光を使用したレーザセンサです。反射形と透過形があり、このセンサの特徴は以下のとおりです。

①光の当たるポイントが目に見えるので位置調整しやすい
②レーザの直進性が高く、10mなどの長距離検出も可能
③50μmレベルのスポット径もあり、微小な対象物も検出が可能

近接センサ

これまで紹介した光で検出するセンサは扱いやすい一方、対象物の表面粗さや水、油、ホコリといった付着物の影響を受けやすいのが弱点です。

それに対して近接センサは、金属製の対象物が近づくと検出コイルの抵抗値が変化することを利用しているので、表面が荒れていたり、水や油などの付着物があっても検出できる点が特徴です。金属以外は検知しないことを活かして、不透明なプラスチックカバー越しに金属製の対象物を検出するといった使用が可能です。

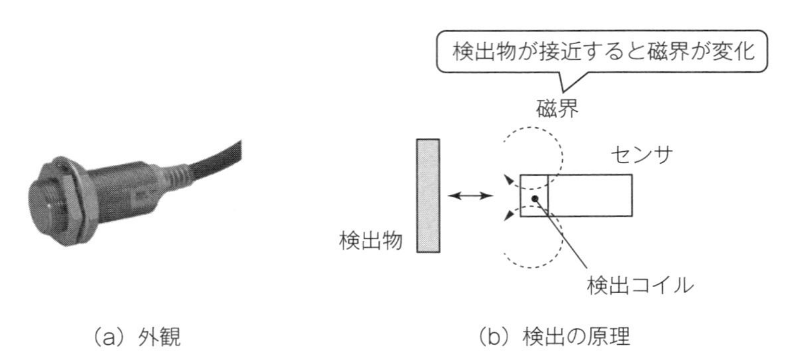

(a) 外観　　(b) 検出の原理

図9.6　近接センサの原理

画像センサ

画像センサは視覚センサ、イメージセンサとも呼ばれ、カメラで撮影した画像をデータ処理するため、多くの用途に対応できます。位置や寸法、数量や欠品の計測、そして得意な点は他のセンサでは検出が難しいきずや異物付着、色の検出が可能なことです。

カメラから撮り込んだ画像は、CCDやCMOSなどの画像素子によりデジタル情報に変換されます。この画像素子は碁盤の目のように格子状に並んだ小さな画素から成っています。すなわち画素数が多いほど細かな情報を得ることが可能になります。

一方、高画素になるほど処理時間が増えるという弱点があります。画像センサのシステムはカメラ・コントローラ・照明・照明電源・モニタが必要なため高額となり、使用するうえで画像処理の専門知識が必要になります。

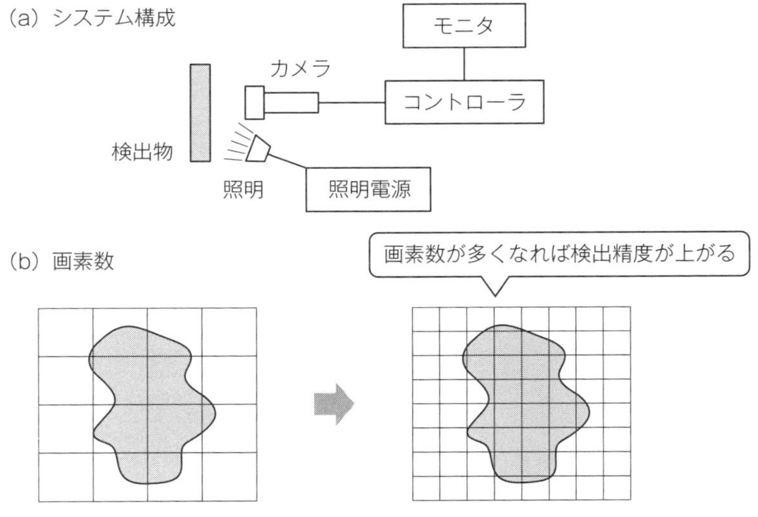

図9.7　画像センサ

その他のセンサ

ここまでモノの有無や位置を検出するセンサを紹介してきました。そのほかに変位、温度、磁気、光を検出するセンサの種類と特徴を図9.8に示します。

各センサの性能はメーカカタログに記載されていますが、検出の精度を実物を使って評価する必要も出てきます。その際にはメーカで評価用の貸出しも行っているので、こうしたサービスも大いに活用してください。

検出対象	センサ名称	特徴
変位	ポテンショメータ	変位量を抵抗値の変化から捉える
	マグネスケール	微小なピッチのNS極を通過した数を捉える
	ロータリエンコーダ	回転円板のスリットの数を検出
	ひずみゲージ	金属の収縮による抵抗値を検出
温度	熱電対温度センサ	２種類の金属線をつなげて電圧差を検出
	サーミスタ温度センサ	温度変化よる抵抗値の変化を検出
	焦電形温度センサ	温度に応じて放射される赤外線を非接触で検出
磁気	磁気センサ	磁性体に記録されたデータを検出
光	光センサ	光エネルギーに応じて変わる電気抵抗を検出

図9.8　その他のセンサ

シーケンス制御と制御機器

シーケンス制御とは

目的に達するように対象物に操作を加えることを制御といいます。テレビを観たいときにはリモコンボタンをONにし、切るときにはOFFにします。これらは人の手による制御です。一方、センサの情報から自動的にON/OFFすることを自動制御といいます。

シーケンス制御は「あらかじめ定められた順序、または手続きに従って、制御の各段階を逐次進めていく制御」と定義されています。全自動洗濯機はシーケンス制御を応用し、「給水 → 洗い → すすぎ → 脱水 → 乾燥」の手順を自動で行います。その他には自動ドアやビルのエレベータ、自動販売機など広い分野で活用されています。

フィードバック制御

目標値にピタリと合うように常時検知を行い、その差をゼロに近づける制御をフィードバック制御といいます。エアコンは室温を常に検知して、変動があれば設定値に合うようにフィードバック制御しています。シーケンス制御でも検知していますが、これは動作の完了を確認して次の動作に移るか否か判別するのに対して、フィードバック制御では、制御した結果の「量的な正確性を求める」点が異なります。

これらはどちらかを選択するというものではなく、必要であれば双方の制御を二刀流で用います。たとえばロボットでは、動作の順序はシーケンス制御でコントロールし、ロボットの停止位置精度はフィードバック制御でコントロールしています。

3つの論理回路

シーケンス制御の基本となる論理回路「AND回路」「OR回路」「NOT回路」を順に見ていきましょう。AND回路はアンド回路と読み、接点Aと接点Bが両方ともに同時にONのときだけに出力される回路です。接点Aと接点Bは直列に接続されます。プレス装置では手をはさまれないように、両手で2箇所のスイッチを同時に押さなければ作動しないように安全策が取られていますが、これにはAND回路が用いられています。

OR回路はオア回路と読み、接点Aもしくは接点BのどちらかがONのときに出力されます。接点Aと接点Bは並列で接続されます。いくつか複数のスタート条件があるときに用います。

3つめのNOT回路はノット回路と読み、接点AがOFFのときに出力され、ONのときには出力されません。

また接点にはスイッチを操作すると開いていた回路が閉じて動作する「a接点」、逆に閉じていた回路が開いて動作を止める「b接点」があります。

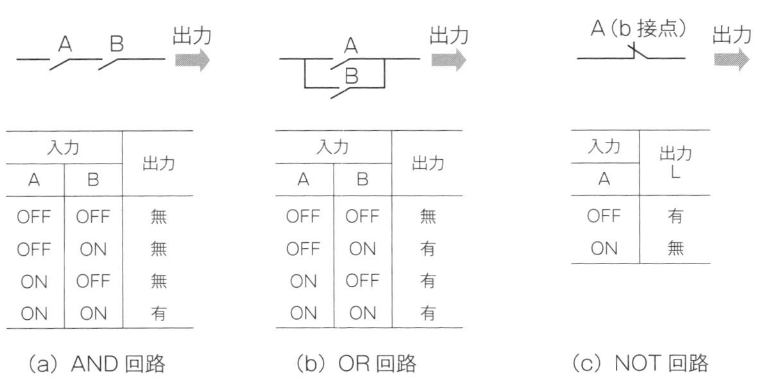

入力		出力
A	B	
OFF	OFF	無
OFF	ON	無
ON	OFF	無
ON	ON	有

（a）AND 回路

入力		出力
A	B	
OFF	OFF	無
OFF	ON	有
ON	OFF	有
ON	ON	有

（b）OR 回路

入力	出力
A	L
OFF	有
ON	無

（c）NOT 回路

図9.9　基本の論理回路

プログラマブルコントローラPLCとは

シーケンス制御の手順を容易にプログラムできる制御機器がプログラマブルコントローラです。名称が長いので以下「PLC」で表します。

このPLCの最大の特徴は、入力機器も出力機器もPLCのユニットに配線するだけでよく、制御の手順はプログラムで決めることができる点です。設計時に配線の工夫をする必要がなく、途中で制御の手順を変更する場合でも、配線を変えることなくプログラムの書換えだけで対応が可能です。このPLCはシーケンサと呼ばれることもありますが、シーケンサは三菱電機製の商品名です。

PLCの構成と接続

PLC本体は「メモリ部」「演算部」「電源部」「入力ユニット」「出力ユニット」で構成されます。押しボタンスイッチやセンサといった入力機器は入力ユニットに配線し、ソレノイドバルブやランプなどの出力機器は出力ユニットに配線します。またプログラムはパソコンや専用ツールで作成し、PLCに書き込みます。

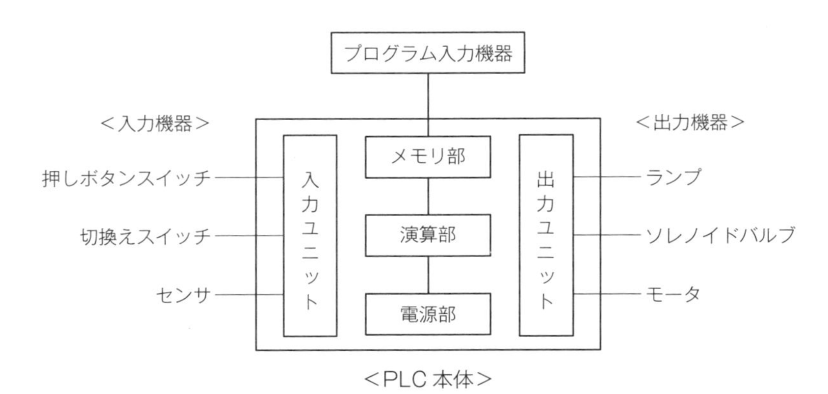

図9.10　プログラマブルコントローラの構成例

PLCのプログラム言語

PLCでもっともよく使用されているプログラム言語は「ラダー図」です。ラダーは梯子（はしご）の意味で、入力や出力を動作の順に梯子のように記述します。ラダー図の基本はPLCメーカーを問わず同じですが、プログラムに記入する機器番号の付け方などが微妙に異なります。そこでプログラミングのロスをなくすために、使用するPLCメーカーは一社に絞り込むのが一般的です。

ラダー図が完成すれば、PLCに読み込ませて試運転を行います。ここで判明した不具合を「バグ」といい、不具合の修正作業のことを「デバック」や「バグ取り」といいます。

プログラムの作成手順

一般的なプログラムの作成手順は以下のとおりです。

①動作の手順をフローチャートにまとめる
②入力機器と出力機器に番号をつける
③ラダー図を作成する（プログラムの作成）
④プログラムをPLCに読み込む
⑤試運転を行う
⑥プログラムの修正（デバック）を行い完成

プログラムの作成事例

点灯スイッチを押せばランプが点灯し、消灯スイッチを押せば消灯するシンプルな回路を考えてみましょう。PLCを使わない場合には図9.11のa図のようにリレーを用いて配線する必要がありますが、PLCを使えば同b図のように、スイッチを入力ユニットに、ランプを出力ユニットにつなぐだけでよく、リレーはPLC内部の補助リレーを利用できるので配線の必要はありません。

次にプログラムをラダー図で作成する上で、ここでは点灯スイッチPB_1をX00、消灯スイッチPB_2をX01、ランプをY00、内部リレーをM00と番号づけしています。

同c図がラダー図の一例です。消灯スイッチを押してすぐに消すのではなく、10秒後に消したいといった場合でも、配線はそのままでプログラムのタイマー機能を用いれば簡単に変更が可能です。

（a）リレーシーケンス図

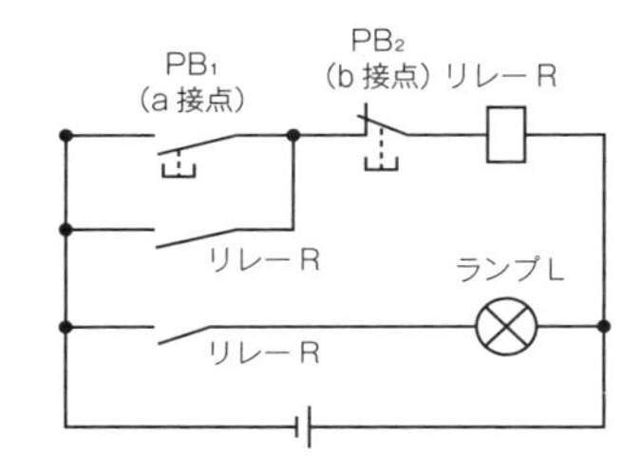

（b）PLC 配線図

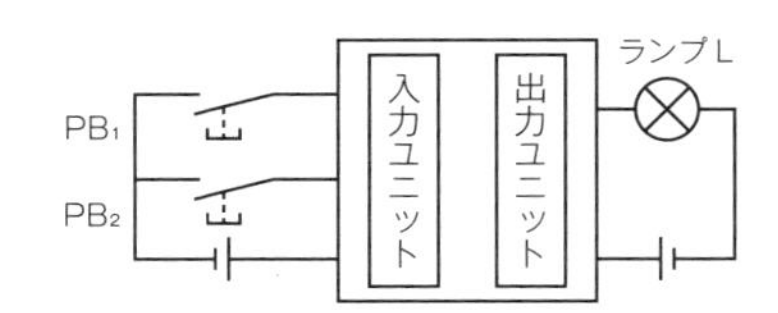

（C）ラダー図

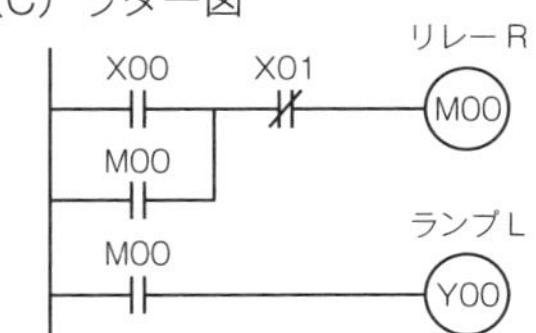

図9.11　プログラムの作成例

COLUMN

考えるコツ

「はじめに」で書いたように、創造性は既存の知識や情報の「組み合わせ」です。では知り得た知識や情報をどう処理するのか。ここで「考える」ことが必要になってきます。技術者時代も現在も筆者が強く意識していることは、

1）とにかく紙に書いて考える

2）考え抜いてもアイデアが出ない時にはいったん寝かせる

3）しばらくしてまた考える

4）お気に入りの場所で考える

5）机の上には余計なものは一切置かない

6）考えを人に聞いてもらう

紙に書いて、それを見ながら考えを繰り返します。行き詰まったときにはいったん寝かせます。この寝かせる間は決してムダではなく、考えやアイデアがじっくりと熟成する時間です。お気に入りの場所で考えることもコツです。図書館でもいいし、好きな喫茶店でもいい。このとき机の上には、必要なもの以外は一切置かないこと。紙と鉛筆だけ。自分の考えを人に聞いてもらうのは、アイデアがほしいからではなく、話しながら自分の考えがまとまるからです。

これまで創造性や発想法の本をいろいろ読みましたが、１冊だけ何度も読み返した本が「思考の整理学」（外山滋比古著、ちくま文庫）です。今も書棚の手の届くところに置いています。

第10章 機械の品質と標準化

機械の品質

機械の良し悪しを二面で見る

機械の実力を数値化できる「良品をつくる実力」と「安定して動く実力」の２つの切り口で見ていきましょう。前者の良品をつくる実力については、不良ゼロの100％良品は相当に難しく、やむなく不良品が発生してしまいます。100個つくって１個不良の場合もあれば、１万個つくって１個の場合もあります。このような良品をつくり出す実力については、良品率や標準偏差で表します。

また後者の「安定して動く実力」は、いくら「良品をつくる実力」が高くても、すぐにトラブルで停止したり、故障を直すのに何時間もかかるようでは安定した生産はできません。動かしたいときに、止まることなく稼働することが求められます。これらは「MTBF」や「MTTR」で表すことができます。また品種を交換する際の「段取り性」や安全が確保できていることも重要な視点です。

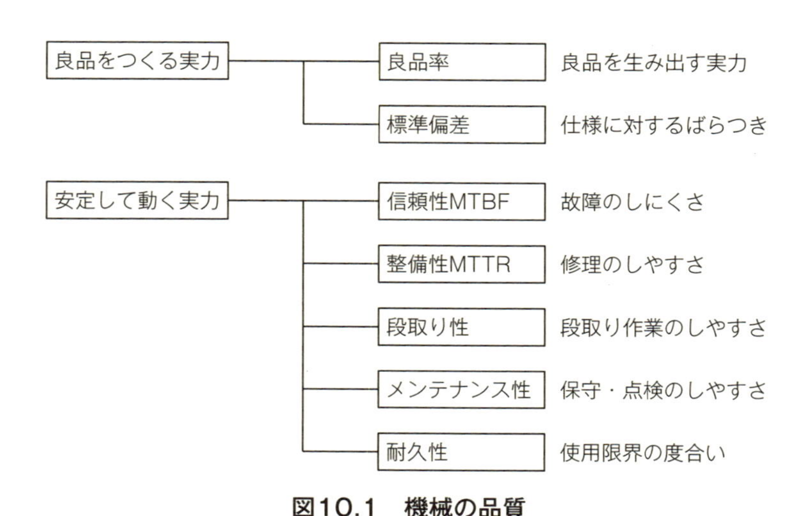

図10.1　機械の品質

良品をつくる実力を数値化する

モノづくりでは、狙い値に完全に合わせることは不可能なので、許されるバラツキの範囲を公差で指示します。たとえば長さ150mm±0.2mmは「±0.2mm」が公差で、下限値149.8mmから上限値150.2mmの間に入れば良品です。「良品率」はつくった総数に対して公差範囲内に収まった数を数値化したもので、反対に外れた数は「不良率」で表されます。

また100個つくって100個良品であれば良品率100%になりますが、この100個が公差範囲ぎりぎりの149.8mmや150.2mmに多くある場合と、100個すべて狙いの150.0mmの場合では、同じ100%の良品率でもバラツキが異なります。これを数値化したものが標準偏差です。

バラツキの度合いを表す標準偏差

バラツキを表すには、「範囲」と「標準偏差」があります。範囲は最大値と最小値の差で、測定値が10個であっても100個であっても、最大値と最小値の2つの数値だけに注目したものです。客観的にはわかりやすいものの、実態を正確に表しているとはいえません。

そこで測定値すべてに着目してバラツキを数値化したのが標準偏差です。先の公差範囲ぎりぎりの場合と狙いにピッタリの場合の差異を明確に数値化できます。標準偏差は数値の小さい方がバラツキは少なく、実力があること意味します。

標準偏差の使い方

標準偏差の計算式はここでは省略しますが、統計ソフトのExcelを使えば、ワンタッチで算出してくれます。

標準偏差が便利な点は、測定値が正規分布していれば、公差に対する良品率を推定できることです。

標準偏差をσ（シグマ）とすると、±２σ内には95.5%、±３σ内には99.7%を満たす実力になります。

たとえばシートカット機の例で、カット後寸法を測定して標準偏差σが0.1mmの場合に、公差が±２σすなわち±0.2mmであれば良品率95.5%、公差が±３σすなわち±0.3mmであれば99.7%、ちなみに公差が±４σの±0.4mmであれば99.994%と一気に上昇し、10万個つくって６個しか不良になりません。このように標準偏差で客観的に良品をつくるの実力を表すことができます。

信頼性を表すMTBF

どれだけ故障せずに連続で稼働するかを数値化したものが「平均故障間隔」で、MTBF（エム・ティー・ビー・エフ）といいます。たとえば「MTBF300時間」の機械であれば、平均して300時間は連続して稼働することを意味します。見方を変えれば、300時間ごとに１回故障が発生することになります。すなわちMTBFの数値は大きいほど信頼性の高い機械です。

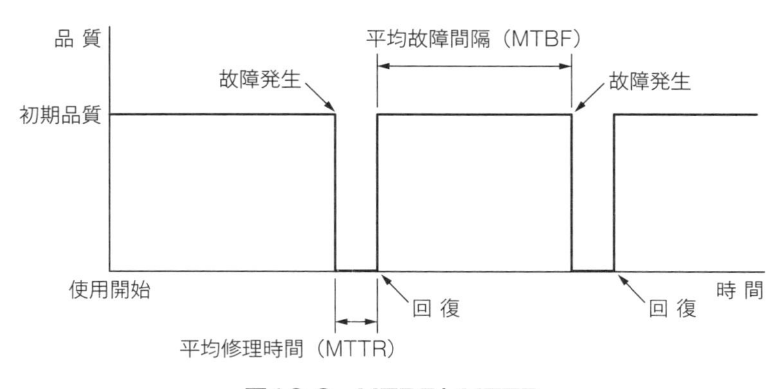

図10.2　MTBFとMTTR

整備性を表すMTTR

トラブル停止した際の復帰時間や、故障した際の修理時間を表したものが「平均修理時間」で、MTTR（エム・ティ・ティ・アール）といいます（図10.2）。「MTTR20分」の機械は、平均すると20分間で修理が完了することを意味します。すなわちMTTRの数値は小さいほうが整備性がよい機械です。

MTBFとMTTRの関係

「MTBFが1000時間でMTTRが10時間の機械」と「MTBFが10時間でMTTRが10分の機械」ではどちらが使い勝手のよい機械でしょうか。時間当たりの稼働率で見ると前者の方がよいのですが、現場では後者の機械が好まれます。それは、いくら止まらない機械でも、いったん止まったときの修理時間MTTRが長いと、その間の生産がストップしてしまうからです。長時間止まることを現場ではドカ停（どかてい）といい、顧客の納期を守れない事態が発生します。

一方、後者のように数分といった短時間の停止をチョコ停といい、短い時間で修復できるので、生産への影響は少なくてすみます。またこの停止分を事前に生産計画に盛り込むこともできます。このように生産現場ではドカ停をしない機械が望まれます。

品種交換の段取り性

多くの品種を生産するために、専用の機械で対応すると品種分の台数が必要となり、コスト面で大きな負担になります。そこで１つの機械で複数の品種を生産できるように工夫します。

プログラム変更だけで対応できれば理想ですが、一部の部品を交換するといった作業が必要となる場合もあります。これらの品種変更に必要な作業を「段取り」といいます。

外段取りと内段取り

機械を止めずに行う段取りを「外段取り」、機械を止めて行う段取りを「内段取り」といい、機械の稼働率をあげるためには、内段取りの時間をいかに短くできる構造になっているかが機械の実力になります。現場改善の「シングル段取り」は、10分以内で内段取りを行うことを意味します。

安全を確保するフェールセーフ

手のひらに乗る小さなモータやシリンダでも、人の力では止められないパワーがあることは十分認識することが必要です。とくに回転においては、回転速度が遅くても巻込みが非常に危険です。ボール盤や旋盤加工では手袋をはめての作業が厳禁であるように、機械では回転箇所には固定カバーを設けたり、開閉式のカバーにはセンサをつけて、カバーが開けば瞬時停止するといった安全策が必須です。

また停電や誤操作といった予期せぬトラブルが発生した際には、安全側に働く設計をフェールセーフといいます。製品の品質や機械へのダメージよりも、何より人の安全を確保することを最優先にする設計思想です。これは、「機械は必ず故障する」ことを前提としています。転倒すると自動消火するストーブ、高熱でヒューズが切れるドライヤなどはフェールセーフの一例です。

人のミスを防ぐポカヨケ

一方「人はどれだけ注意していてもミスをおこす」ことを前提とした設計思想をポカヨケといい、フールプルーフともいいます。間違った操作をさせない設計のことで、洗濯機はふたを閉めなければ動かない、クルマのギヤがパーキングに入っていなければエンジンはかからないなど、身近な製品にもこの設計思想が取り入れられています。

標準化の狙い

なぜ標準化が必要なのか

標準化をひと言でいえば、ルールを決めてそのとおりに物事を進めることです。機械設計における標準化の対象は、設計の手順や部品材料や購入品、図面があります。

なぜ標準化が必要なのでしょうか。それは「品質の良い機械を」「もっとも安く」「最短期間で」完成させるためです。製品は顧客のニーズに合わせてますます多機能化し、製品の寿命は短くなっています。それらの環境に合わせた機械を開発する上で、標準化することのメリットをまとめると、

①図面の流用による「設計時間の短縮化」
②実績のある標準品を使用することによる「信頼性の向上」
③購入品を絞り込むことによる「コストダウン」
④見積りや価格交渉の「手配作業の最少化」
⑤保守部品の「在庫最少化」

設計時間の短縮化と信頼性向上

すでに実績のある図面や購入品を使用すれば、新たに図面を描く時間や選定の時間を圧倒的に減らすことが可能です。これらの時間短縮により、本来パワーをかけるべき技術ポイントに集中することができるようになります。

また、すでに使用した実績があるので、加工性、組み立てやすさ、調整のしやすさが確認済みです。これにより新たに問題が発生するリスクを最小限に抑えることが可能で、信頼性の向上につながります。

コストダウンと手配作業の最少化

標準化により、手配する材料や購入品の種類を絞り込むことで、発注伝票は最少枚数で済み、毎回見積りを取ったり価格交渉する必要もなくなります。また同一品種の購入数が増えれば、コストダウン交渉も可能になります。さらに受入れ検査も容易になり、余った材料の保管においても、品種が少なくなることで管理がラクになります。

保守部品の在庫最少化

摩耗部品や軸受といった保守部品を標準化できれば、現場で保有する部品の種類と数を減らすことが可能です。また種類が減ることで、保全担当者が個別に部品特性を把握する必要がなくなり、保守における作業時間の短縮化も図れます。

個性を出すために標準化する

標準化を進めると、設計者は考えることをしなくなるという声もありますが、実際にはその逆です。標準化を進めるから設計時間を短縮することができ、新たに考えなければならないポイントに集中できるので、個性を発揮できるのです。標準化せずに毎回一から図面を描き、一から購入品を選定していては、設計時間が膨大になり、忙しさに追われて余裕もなく、個性を発揮できる時間も取れません。

標準品の見直しは必須

購入品は魅力的な新商品が毎年発表され、コストダウンの提案もあります。これらを受けて、数年ごとに標準品の見直しは必要です。

そのためにも標準選定の際に検討した品質、コスト、納期の資料は記録としてしっかりと残しておきます。それによって、これまでの背景を踏まえた見直し作業を効率よく行うことができます。

標準化の事例紹介

何を標準化するのか

標準化に正解はありません。自ら有効な標準化を検討してください。その際の叩き台として、材料、購入品、設計の事例を紹介します。

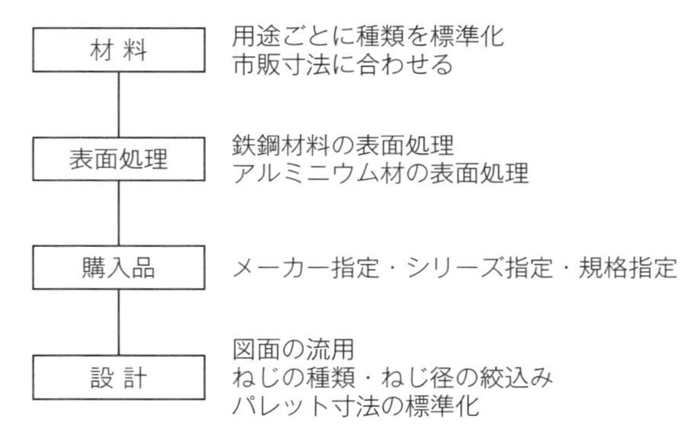

図10.3　標準化の対象

材料選定の着眼点

まず材料の標準化から見てみましょう。材料選定の最初の判断基準は「軽さ」です。軽さが必要ならば、アルミニウム材を採用します。鉄鋼材料に比べて３分の１という軽さは、可動部の軽量化に最適です。

そのメリットは、駆動源のモータやシリンダが小型になり、価格も安くて、支える構造もシンプルになることです。さらに可動部が軽いと速く動かせるので、生産能力も上がります。アルミの弱点である強さについては、第６章で紹介した断面形状の工夫で補います。

一方、軽さが必要なければ、アルミニウム材より安価な鉄鋼材料を選択します。

鉄鋼材料の標準化

まず炭素鋼から選択し、炭素鋼で満たされない場合にのみ合金鋼を用います。汎用材である炭素鋼の選定手順は、

①材料表面の加工が少ない場合や、溶接を行う場合にはSS400を選択
②材料表面の加工が多い場合や、焼入れ・焼戻しを行う場合にはS45Cを選択
③加工の反り対策には、SS400の焼なまし材かS45Cを選択
④薄板にはSPCC、耐摩耗性が必要な場合にはSK95を生材で使うか焼入れ・焼戻し
⑤耐食性が必要ならば、SUS304や加工性のよいSUS303を選択

アルミニウム材料の標準化

汎用材にはA5052やA6063を、強さが必要な場合にはA7075を選択します。薄板にはA1100Pを用います。末尾のPはPlate（板）の意味です。

ただしアルミ板はきずには弱いので、軽さの必要がない薄板には、炭素鋼のSPCCが適しています。

外形は市販寸法に合わせる

加工を減らす視点で考えてみましょう。部品の厚みと幅を材料の市販寸法に合わせて設計すれば、加工面は長さ方向の両端二面で済みます。すべての面を加工すると六面なので、圧倒的に効率的です。

鉄鋼材料は商社によって取扱い寸法が若干異なるので、材料商社から平鋼（フラットバー）、丸棒、角棒などの形状ごとに材料寸法表を取り寄せて、いつもこの寸法を強く意識しながら設計を進めます。その際には黒さびで覆われた黒皮材ではなく、表面がキレイでなめらかなミガキ材の寸法情報を入手してください。

SS400・S45C 平鋼ミガキ材市販寸法の一例(単位mm)

厚＼幅	9	12	16	19	22	25	32	38	50	75	100	125	150
3	●	●	●	●	●	●	●	●	●				
4.5	●	●	●	●	●	●	●	●	●				
6	●	●	●	●	●	●	●	●	●	●	●		
9		●	●	●	●	●	●	●	●	●	●	●	●
12			●	●	●	●	●	●	●	●	●	●	●
16				●	●	●	●	●	●	●	●	●	●
19					●	●	●	●	●	●	●	●	●
22						●	●	●	●	●	●	●	●
25							●	●	●	●	●	●	●

図10.4　市販寸法に合わせる

表面処理の標準化

鉄鋼材料の防錆処理は、図面の寸法精度によって使い分けます。精度が高いものには、膜厚が薄い黒染め（クロゾメ）処理や膜厚を指定できる無電解ニッケルめっきが適しています。ただし黒染めは、使用環境によっては防錆効果が低いことに注意が必要です。

精度が必要ない普通公差のレベルでは、クロメート処理が安価で一般的です。耐摩耗性が必要な場合には硬質クロムめっき、すべり性やはく離性にはニダックス®を用います。

また通常はアルミニウム材料の表面処理は不要ですが、耐食性を高めたい場合にはアルマイト処理、きずを防止したいのなら硬質アルマイト処理、すべり性やはく離性がほしい場合にはタフラム®を検討します。

またこのほかにメーカー各社からさまざまな機能を持った表面処理も出ているので、関心のあるものはメーカーからサンプル品を入手して事前評価を行うのも一手です。

購入品の標準化

購入品も絞り込むことが有効です。絞込みは「メーカー指定」「シリーズ指定」「規格指定」の３つのステップで考えます。まずはメーカー指定です。シリンダやモータ、センサは各社類似した仕様の中で、設計者の好みで決めているのが実情です。これでは多品種少量となり、資材購買部門によるメーカーとの価格交渉も難しくなります。そこでまずメーカーを絞り込みます。シリンダ関連はA社、モータはB社、センサはC社という標準化レベルです。

次の標準化ステップはシリーズ指定です。同じメーカーからいろいろなシリーズが出ています。この中からどのシリーズを使うのかを決める標準化レベルです。そして理想の標準化は規格指定です。これにより設計者はまったく選定する作業が不要になります。

たとえばシリンダ関連では、シリンダはメーカー指定、電磁弁やマニーホールドはシリーズ指定、エアフィルタ／レギュレータやサイレンサは規格指定で標準化を進めます。

二社購買のメリット

購入する際には二社購買できるものを選定するのが鉄則です。二社購買とは、同仕様のものを２社以上のメーカーから購入できることをいいます。その狙いはコストダウンと入手の安定性です。２社以上の場合は相見積りにより安価な購入が可能となり、納期に対しても強く要望できます。すなわち、買い手が決定権を持つことができるのです。一方、１社からしか購入できない場合は、メーカー側もそれがわかっているので、価格も納期も売り手が決定権をもつことになります。

また二社購買できれば、なんらかの事情で入手が困難になったり、納期に間に合わない場合でも、他社から購入することができるので、安定して入手することができます。

実際には、購入先は価格と納期だけで決まるものではなく、対応の良さやアフターフォローの体制などを総合的に判断するのですが、この二社購買のメリットを活かすことが有効です。

ユニットの標準化

加工部品や購入品を組み合わせて１つの機能を果すものをユニットやブロックと呼びます。たとえばハンドリングを行うチャックです。こうしたユニットは１つ設計すれば、ハンドリングする対象物が大きさや重さといった一定の条件内に入ると同じユニットを使えます。もし条件を超える場合には、ハンドリングするツメだけを交換部品にして、ツメを除いたユニットで標準化します。

また、フレームは標準化しやすいユニットです。フレームの基本仕様は、長さ×奥行き×高さです。それぞれを都度設計するのではなく、長さと奥行きにはいくつかの寸法バリエーションをそろえておき、高さは１つに統一します。フレームカバーやフレーム下部に設置するキャスタ付きレベルボルトは規格指定できるので、これらも標準しやすい一例です。

ねじ種類の標準化

ねじを選択する際に決めるのは「種類」と「ねじ径」と「長さ」の３つです。この中で長さについては、対象物の材質や厚みで決まるので標準化は難しいのですが、種類とねじ径は標準化が有効です。

たとえば力がかからない小物には「なべ小ねじ」、カバーの固定には見栄えと頭の低さを活かした「トラス小ねじ」、通常の加工部品は締結力のある「六角穴付きボルト」、工具レスでは「樹脂頭ローレット」の４種に絞り込みます。

ねじ径の標準化

ねじ径の絞込みも効果的です。たとえば１つの部品にM３・M４・M５・M６・M８の５種類のねじを使う場合、大は小を兼ねるので、M３とM５はやめてM４、M６、M８に絞り込めば、３種類の加工で済みます。ねじの加工は下穴とタップ加工の２つの加工が必要なので、種類を減らすことにより加工効率が大きく上がります。

またねじの使用本数についても、固定する部品の大小にかかわらず慣例的に４本使用していますが、２本でもよい場合がかなりあります。使用本数が半分になれば、下穴加工もタップ加工もねじ締め工数も、ねじの本数もすべて半分になります。基準となる部品や大きな力や衝撃がかかるところ以外は、２本固定を検討します。

深座ぐりの参考寸法

六角穴付きボルトの頭を埋め込むために、深座ぐり加工を行います。この深座ぐりの直径と深さ、またきり穴径は、図10.5のようにねじ径ごとに決めておくと便利です。

（単位 mm）

ねじ径	M3	M4	M5	M6	M8	M10
きり穴径	4	5	6	7	10	12
深座ぐり径	6.5	8	9.5	11	15	18
深座ぐり深さ	3.5	4.5	5.5	6.5	8.5	11

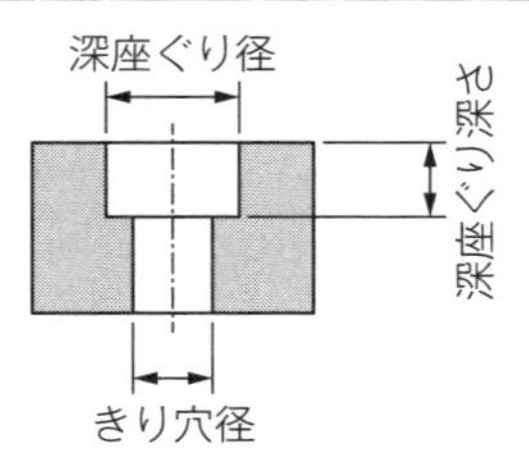

六角穴付きボルトのねじ頭を埋め込む場合の参考寸法

図10.5　深座ぐりの参考寸法

パレット寸法の標準化

パレットやトレーの外形寸法も標準化が有効です。本来は搭載する製品や部品の寸法形状から、取り個数の多くなる配置が効率的ですが、この考え方で外形寸法を決めると、製品や部品ごとに毎回異なるパレット寸法になります。パレットやトレーは、複数枚での使用が多いでしょう。すると、これを収容するラックが必要になり、パレットごと自動搬送することになれば、毎回パレット幅に合わせたラック設計やコンベヤ設計が必要になります。

そこで先にパレットの外形寸法を標準化し、この寸法から搭載物の配置と取り個数を決めるという逆の発想です。これによりラックもコンベアも標準化することができます。ただし1種類の寸法では対応が難しいので、数種類の寸法を標準化します。この寸法設定に、次の「標準数」を使う手があります。

標準数とは

「工業標準化・設計などにおいて数値を定める場合に、選定の基準として用いる標準数」がJIS規格で定められています（図10.6）。これを先のパレットの外形寸法に活かします。

標準数は、等比数列で$\sqrt[5]{10}$や$\sqrt[10]{10}$の比を用いています。$\sqrt[5]{10}\fallingdotseq 1.60$なので1.6倍ずつ掛けて、1・1.60・2.50・4.00・6.30になります。これをR5と表しています。また$\sqrt[10]{10}\fallingdotseq 1.25$なので1.25倍ずつ掛け、1・1.25・1.60・2.00・2.50・3.15・4.00・5.00・6.30・8.00になっています。これをR10と表しています。

この標準数を利用して、たとえばパレットの外形寸法を100×160mm、160×250mm、250×400mmで標準化したり、100×125mm、160×200mmで標準化するという考え方です。

種 類	標準数										等比数列の公比
R 5	1.00		1.60		2.50		4.00		6.30		$\sqrt[5]{10} \fallingdotseq 1.60$
R10	1.00	1.25	1.60	2.00	2.50	3.15	4.00	5.00	6.30	8.00	$\sqrt[10]{10} \fallingdotseq 1.25$

記）JIS Z 8601、R20とR40は省略

図10.6　標準数

標準化はトップダウンで進める

ここまで標準化について事例を用いて紹介してきました。ぜひできるところから標準作業を進めてください。

しかし実際に標準化を進めるには、大きな関門が待ち受けています。それは「総論賛成・各論反対」となるからです。設計者にはお気に入りのメーカーがあります。たとえばシリンダ関係はA社、モータはB社といった具合です。ところが標準化を進めると今まで使ったことがないメーカーを使う場合がでてきます。標準化のメリットがわかっていても、これには大きな心理的反発が生じます。この気持ちは理解できるのですが、こうなるとなかなか標準化は進みません。

そこで標準品の選定作業は実務メンバーが行うとしても、最終の決定判断は部門長といったトップダウンで進めるしかありません。少々厳しい言葉を使うならば「業務指示」にしない限り標準化は進みません。もしトップダウンが難しい場合は、あきらめずに身近なメンバーだけでもいいので進めてください。自分１人での標準化でもOKです。そうして経験を積んで職級が上がるにつれて、この標準化の適用範囲を広げていってください。

これからのステップアップに向けて

知識を深めるために

設計のスキルアップは、「知識」と「実践」の積み重ねになります。まさに定番中の定番ですが、機械設計はこれを実直に進めるしか腕を上げる方法はありません。

知識を深めるには、「読む」「聴く」「診る」の３点セットです。関連する書籍や専門誌を読む、研修を受ける、上司や現場から情報を聴く、そして先輩が開発した機械を診る、展示会や工場見学で同業の機械や業界が異なる機械を診ることです。ただ単に「見る」のではなく、診察するがごとく「診る」ことが大切です。

展示会は、主要都市で開催される「機械要素技術展」がお勧めです。こうした展示会には、とくに目玉がなくても毎年行くのがコツです。展示物だけでなく、業界の流れも感じられるのがおもしろいところです。そこで、わからないことは遠慮せずにどんどん質問してください。

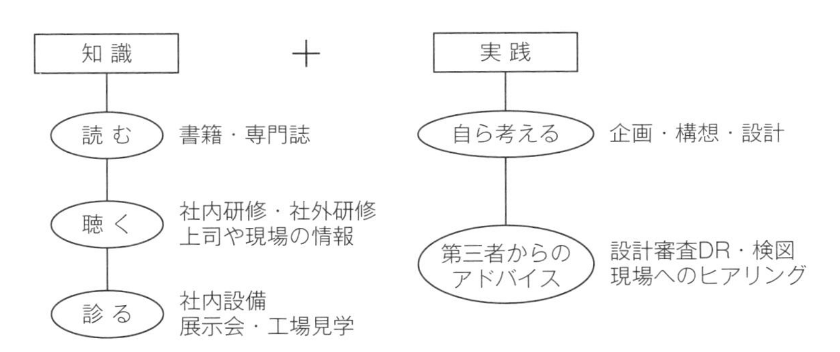

図11.1　知識と実践の二刀流

メーカー主催のセミナーを活用する

駆動源となるシリンダやモータは、実機を使って学べれば効果的です。これにはメーカーが開催しているセミナーが最適です。実機を演習キットに用いているので理解が深まります。メーカーのホームページから申込みができるので、積極的に活用してください。

知っておくべき基礎知識と専門知識

モノづくりに必要な基礎知識は「読図知識」「材料知識」「機械加工知識」の３つです。また専門知識としては思考のための「機械設計知識」と作図のための「製図知識」が必要になります。本書はこの中の「機械設計知識」の基礎を紹介しました。

不足している知識があればぜひ取り組んでください。本書の姉妹書を参考に紹介します。

読 図：『図面の読み方がやさしくわかる本』（日本図書館協会選定図書）
材 料：『加工材料の知識がやさしくわかる本』
加 工：『機械加工の知識がやさしくわかる本』
製 図：『図面の描き方がやさしくわかる本』
以上、日本能率協会マネジメントセンター刊。

実践を深めるために

機械設計は経験を重ねることがもっとも効果的です。その実践の中で、とくに第三者からのアドバイスは腕をあげる絶好のチャンスです。設計作業を進める中での先輩や上司からのアドバイス、設計審査DRでの他部門からの指摘や、図面を描き上げた時点の検図での熟練者からの指摘は最高の教材です。

また、自分が描いた図面で加工のしにくさはなかったか、組立や調整のしにくさはなかったか、機械の使い勝手に問題はないかを作業者からヒアリングします。これらのアドバイスや情報を、次の設計に活かしましょう。

自分のノウハウ集をつくる

設計を進める中で、さまざまな情報が入ってきます。これらの貴重な情報は、覚えるのではなく記録してください。お勧めはA４用紙１枚に１項目ずつメモして、分類はせずにファイルにどんどん重ねていきます。このとき電子データにせず、紙ファイルで持つのがコツです。設計の際には常に横に置いて作業を進めます。

このオリジナルファイルと一緒に常備しておきたいのは『JISにもとづく機械設計製図便覧』（大西清著、理工学社）です。この本は1955年の初版以来改訂を重ねた、バイブルの位置付けとなる設計のロングセラー本です。各種材料や機械要素部品の細かいデータが参考になります。工学用語で記されていますが、本書で基礎をつかんでおけば難しくありません。辞書の位置づけで活用してください。

紙に描きながら考える

思考の段階は紙に描きながら考えることをお勧めします。頭の中がまったく白紙の状態でCADに向かうのではなく、構想の段階では机の上で紙に描きなぐりながら思考を固めていきます。そうして、考えが固まったらCADで一気に作図します。

すなわち思考の作業は「アナログ」で、作図の作業は「デジタル」で進めます。これは機械設計だけでの話しではなく、小説家も音楽家もクルマのデザイナーもトップレベルの方々は、アナログとデジタルをうまく使い分けています。すべてデジタルで行うことが好ましいわけではありません。

直感を大事にする

経験を積んでスキルが上がると、計画図を見れば問題が見えるようになってきます。その視点は「バランス」です。パッと見たときにバランスが悪いと感じる図面は、必ず問題を含んでいます。このバランスを文字で説明するのは難しいのですが、経験を積めば計画図から動きをイメージすることができ、どうもしっくりこない点が「直感」でわかるようになります。直感は経験をつんだ感覚なので、単なる「やま感」とは違い、信用できるものです。直感は技術者にとってとても大事なスキルだと思ってください。

設計の日程を守るために

機械設計を行う上での壁は「いかに最適な設計を行うか」という純粋に技術の問題に加えて、「いかに日程を守るのか」というマネジメントの問題があります。決められた手順どおりに進める作業と異なり、設計は無から有を生み出す作業なので、時間を読むことが難しいのが実情です。経験が少なければなおさらなので、進捗はこまめに上司に報告することを心掛けてください。日程管理のマネジメントは、上司や先輩にサポートしてもらうことがポイントです。数分でよいので毎日口頭報告することをお勧めします。

機械設計を楽しむ

思えば、数百万円、数千万円といった機械を設計することは、プライベートでできることではありません。そして考えに考え抜いた自分の機械が、生産現場で何年、何十年と使われることは、まさに設計冥利につきる仕事だと思います。それだけにプレッシャも少なくありませんが、この醍醐味を感じながら楽しんで取り組んでください。

おわりに

わたしは生産技術コンサルタントという肩書で現場改善の仕事をしていますが、前職の電子部品メーカーでは自動組立機や測定機といった機械の開発設計を21年間担当してきました。にもかかわらず執筆6冊目でようやく「機械設計」に取り組んだのは、好きな食べ物は一番最後まで残しておく性格がそのまま出たように思います。

わたしが社会人になった頃の機械はすべてカム式でした。1本の回転軸からさまざまな動きを生み出すことの不思議さとおもしろさを今でも忘れません。はじめて設計した図面が実際に形になったときの感激は大きかったものの、現場からは加工がしにくいと怒られ、組立や調整がやりにくいと怒られ、ようやく完成したと思ったら、今度は生産現場からトラブル停止が多いと怒られ、若手の頃はとにかく怒られることの連続でした。でも、この経験がその後の技術者としてどれほど活かされたことかしれません。

これから機械設計に取り組まれる皆さんも、どうぞ失敗を恐れず、ご自身の個性を存分に発揮して機械設計の醍醐味を味わってください。技術者として元気にご活躍されることを願っています。

最後になりましたが、前書『機械加工の知識がやさしくわかる本』に引き続き担当いただきました渡辺敏郎氏との編集打合わせも楽しい作業でした。心より厚くお礼申し上げます。

令和元年の春

西村 仁

索引

記号・英字・数字

3Dプリンタ……167
３ポート電磁弁（真空破壊）……121
ACモータ（交流モータ）…99、101
AND回路……198
C面取り……172
DCモータ（直流モータ）…99、100
DR（設計審査）……32
FC250（ねずみ鋳鉄品）……139
JIS規格……23
MTBF……206
MTTR……207
NOT回路……198
OR回路……198
Oリング……92
S45C（機械構造用炭素鋼鋼材）138
SK95（炭素工具鋼鋼材）……138
SPCC（冷間圧延鋼板）……136
SS400（一般構造用圧延鋼材）…137
Vベルト……50

あ

アーク溶接……163
アイボルト……93
赤さび……134
アクチュエータ……98
圧延加工……159
圧縮コイルばね……88
穴あけ加工……152
アルミニウム系材料……139
アンギュラ玉軸受……83
射出成形……158
インサートねじ……70
インデックスカム……43
ウォームギヤ……45
内段取り……208
エアフィルタ……106、117
エッチング……167
円筒ころ軸受……83
オープンループ制御……102
押出し・引抜き加工……160
おねじ……58

か

外輪……83
かさ歯車……45
画像センサ……195
カム機構……41
カム曲線……42
カム線図……42
カムフォロア……90
完全自動化……25
貫通穴……183
キー……77
器具……22
きさげ加工……155

基準円直径……46
キャスタ……93
きり穴……153
近接センサ……194
金属材料……135
空気圧システム……106
管用ねじ……59
クローズドループ制御……102
黒さび……134
研削加工……154
検図……33
コイルばね……88
鋼球……83
合金鋼……135
高周波焼入れ……142
光電センサ……192
降伏点……130
コンプレッサ……106

さ

サーボモータ……104
最小曲げ半径……174
サイレンサ……115
座ぐり穴……153
皿小ねじ……64
シーケンス制御……197
治具化……25
軸間距離……46
軸継手（カップリング）……76
しまりばめ（圧入）……74、85
初期流動……30
ショックアブソーバ……92
シリンダ……98
真空エジェクタ……123
真空パッド……121
真空用圧力スイッチ……122
真空用フィルタ……122
針状ころ軸受……83
浸炭焼入れ……143
すきまばめ……74、85
ステッピングモータ……103
ステンレス鋼（SUS材）……138
砂型鋳造法……158
スパナ……65
スピードコントローラ……107、115
スプリングピン……75
スペーサ……185
すべり軸受……86
スライダクランク機構……40
スライドレール……81
スラスト軸受……83
スラスト玉軸受……83
スラスト方向……83
制御機構……24
成形加工……156
切削加工……149

せん断加工……156
旋盤加工……149
線膨張係数……132
総組立……29
塑性……126
外段取り……208

た

ダイカスト鋳造法……158
タイミングベルト……50
立上げ……30
タッピングねじ……66
ダブルナット……73
ダルマ穴……188
たわみ……128
単位……6
弾性……126
鍛造……159
炭素鋼……135
単動シリンダ……108
断面二次モーメント……129
鋳造……157
鋳鉄……135
調整……185
蝶ボルト……66
直動ベアリング……81
抵抗溶接……164
テーパピン……74
てこ・クランク機構……38
手作業……25
電磁弁（ソレノイドバルブ）……107、112
テンションプーリ……51、53
銅系材料……140
導電率……133
特許出願……33
止めねじ……66
止め輪……78
トラス小ねじ……64
トルクリミッタ……77

な

なべ小ねじ……64
並目ねじ……61
逃げ加工……176、178、180
二社購買……214
ねじの呼び径（ねじ径）……60
熱処理……141
熱伝導率……133

は

パーツフィーダ……94
バーリング加工……157
配管チューブ……119
配管継手……118
歯先円直径……46

歯底円直径……46
破断……127
バックラッシュ……48
ばね……87
ばね座金……72
はめあい……85、161
バラツキ……205
範囲……205
半自動化……25
パンタグラフ機構……40
左ねじ……58
ピッチ……47、60
引張り強さ……130
引張りコイルばね……88
標準化……209
標準数……217
標準偏差……205
平座金……71
平歯車……45
平ベルト……50
ファイバセンサ……193
フィードバック制御……197
プーリ……50
フェールセーフ……208
深絞り加工……157
深溝玉軸受……83
不完全ねじ部……62
復動シリンダ……108
ブッシュ……86
部分組立……29
フライス加工……151
ブラシレスDCモータ……101
プラスチック材料……140
振込み治具……96
フローティングジョイント……117
プログラマブルコントローラ…199
ベアリング……83
平行ピン……74
放電加工……166
ボールねじ……54
ボールフィーダ……95
ボールプランジャ……91
ボールローラ……90
ポカヨケ……208
保持器……83
細目ねじ……61
ボルト……63
本量産……30

ま

マイクロスイッチ……191
マイクロメータヘッド……187
曲げ加工……156
増締め……72
マニホールド……115
右ねじ……58

溝加工……172
密度……132
メータアウト……116
メータイン……116
メートルねじ……60、62
メカ機構……24
めっき……143
めねじ……58
モジュール……47

や

焼入れ……142
焼なまし……142
焼ならし……142
焼戻し……142
ゆるみ止め剤……72
溶接……161

ら

ラジアル軸受……83
ラジアル方向……83
ラック……45
リード……54
リーマ穴……154
リニアフィーダ……95
リニアモータ……105
両クランク機構……39
量産試作……30
両てこ機構……39
リンク機構……36
レーザ加工……165
レーザセンサ……194
レギュレータ……106、117
レベルボルト……93
ろう付け……161、164
ローレットねじ……66
ロータリアクチュエータ……110
ローラチェーン……52
ローラフォロア……90
六角穴付きボルト……65
六角ナット……70
六角ボルト……64
六角レンチ……65

わ

割りピン……75

著者紹介

西村　仁（にしむら　ひとし）

ジン・コンサルティング代表／生産技術コンサルタント。
立命館大学大学院 経営管理研究科 非常勤講師
http://www.jin-consult.com

1962年生まれ。神戸市出身。
1985年 立命館大学 理工学部機械工学科卒。
2006年 立命館大学大学院 経営学研究科修士課程修了。

株式会社村田製作所の生産技術部門で21年間、電子部品組立装置や測定装置等の新規設備開発を担当し、村田製作所グループ全社への導入設備多数。工程設計、工程改善、社内技能講師にも従事。特許多数保有。
2007年に独立し、製造業およびサービス業での現場改善による生産性向上支援、及び技術セミナー講師として教育支援を行う。
経済産業省プロジェクトメンバー、中小企業庁評価委員等歴任。

著書
『図面の読み方がやさしくわかる本』[日本図書館協会選定図書]
『図面の描き方がやさしくわかる本』
『加工材料の知識がやさしくわかる本』
『機械加工の知識がやさしくわかる本』
（以上、日本能率協会マネジメントセンター）
『基本からよくわかる品質管理と品質改善のしくみ』
（日本実業出版社）
『はじめての治具設計』
『はじめての現場改善』（以上、日刊工業新聞社）
『1冊で学ぶ材料・加工・図面の初歩』（日経BP）

機械設計の知識がやさしくわかる本

2019年6月30日　　初版第1刷発行
2024年8月10日　　　　第9刷発行

著　者——西村　仁

発行者——張 士洛
発行所——日本能率協会マネジメントセンター
〒103-6009　東京都中央区日本橋2-7-1　東京日本橋タワー
TEL　03(6362)4339(編集)／03(6362)4558(販売)
FAX　03(3272)8127(編集・販売)
https://www.jmam.co.jp/

装　丁————岩泉卓屋
本文ＤＴＰ——株式会社 明昌堂
印刷・製本——三松堂株式会社

ISBN 978-4-8207-2735-4　C3053
落丁・乱丁はおとりかえします。
PRINTED IN JAPAN